말습관을 바꾸니
인정받기 시작했다

改變說話習慣，
讓主管一秒挺你

被公司認可的優秀員工
都在使用的說話術

崔美英 著
尹嘉玄 譯

你的說話習慣，
能展現你的職場價值嗎？

聲音教練　羅鈞鴻

　　我曾聽過一些令人敬佩的工作者說：「我是來工作的，不是來交朋友的！」這種使命必達的精神是值得學習的。但我也發現，有些人在這句話裡，展現的不是工作態度，而是一種對於職場溝通的逃避，用這句名言，合理化自己的不善言辭。

　　不過這也難免，因為不是所有職場都將「溝通方式」當作一門顯學，我們在職場上偶爾會遇到貼心的主管或前輩提點，但大部分時候都還是得透過自己的觀察與「試錯」，來學習這些職場語言。所以，因為說話而誤了工作，或是工作實力無法被看見，是多數人都會有的痛。

　　就如同本書書名《改變說話習慣，讓主管一秒挺你》，只要改變說話習慣，讓話語變得有說服力，同事願意為你做事，主管願意讓你主導，那麼你在職場上的地位很可能大大地不同。

　　要改變說話習慣，首先要改變的是思考習慣。作者崔美英在書中提到了韓國的網路新造語「是病」一詞；在多數的

職場文化中，人們傾向於對主管說「是」，展現積極配合的態度。但是，這些「是」的背後，往往代表的是這些職場工作者沒有自己的意見與主張，所以也容易被主管一問三不知。

沒有自主的思考，就不會有令人眼睛一亮，具有說服力的言語。要讓自己變得更加能言善道，就必須先停止這種「不思考」的習慣，鼓起勇氣開口表達，並且練習將想法更確實的傳達給對方。

在我聲音教練的經驗中，我發現人們對職場溝通缺乏自信，有三個常見的困擾；而作者透過她多年在大型跨國企業擔任內部溝通職務的細膩觀察，讓這些問題都有實用的解決方案，而這也是我想推薦這本書給你的原因。

常見的說話困擾
說話沒有邏輯，常常語無倫次

雖然你對工作有自己的想法，但總是在還沒有想得很清楚的時候，一股腦地丟出來，結果得到的回應通常是：「所以你想表達的是？」好像乾脆不要表達還比較好呢……

在本書中，你會學到 OBC 架構，讓說話有起承轉合，聽起來有頭有尾。也可以透過 PREP 法，有效防範主管常用的連續提問攻勢：「怎樣？」、「為什麼？」、「你確定？」、「所以？」讓主管覺得你有備而來。還有能夠有讓人容易接受提議的 SBE 法，達成說服的目的。

最重要的是，如果你養成將 Fact（事實）變成 Impact（印象）的說話習慣，就更能夠用自然的方式凸顯你的工作價值，而不讓人覺得你在邀功。

常見的說話困擾
總是找不到正確的時機開口說話

你準備好跟主管報告事情，但有時會發現主管聽得很不耐煩，原來是因為五分鐘後主管有一場重要的會議，結果你被主管認為是個搞不清楚狀況的人。

職場上不乏有專業能力的人，但懂得掌握時機，在正確的狀況下表達合適的內容，就更容易凸顯專業能力，脫穎而出。

你可以利用本書的 TPO 守則，學會在絕佳的時機點開口報告，體恤主管的時間（Time），在正確的場所（Place）說出意見，並且掌握主管當下所處情形（Occasion），讓主管以合適的情緒聆聽你說話。

而能否掌握主管的溝通喜好也是一個職場優勢，配合主管的溝通習慣，決定「情況」、「問題」、「解決方案」的表達次序，從一開始就讓主管想要聽下去。

常見的說話困擾
聲音缺乏專業感

有些人說話時，明明說話內容有條有理，卻讓人不敢採

納其意見，僅僅只是因為他的聲音比較孩子氣。

　　大家都不希望別人因為自己聲音聽起來的印象，忽略了話語背後的價值。但現實是，人們常依賴聽覺的印象去評估話語的可信度，這就讓人不得不去正視「聲音形象」的重要性了。

　　聲音形象包含一個人的嗓音、咬字的清晰度、說話時輕重音的分布，還有說話的態度是否從容自在，書中都提供了相關的練習方式。不過我個人最喜歡的是，作者對人們說話時為何緊張，為什麼焦慮深有體會，因此還特別用一個章節來告訴你，該如何正視這些焦慮，找回說話的自信，並且用正確的方式來改善溝通品質。

　　例如，人們常常在緊張時說話很快，愈是告訴自己要慢下來，語速卻反而愈失控。作者提供了用伸展身體來調整呼吸的方式，讓人在說話時放鬆因焦慮而緊繃的肌肉，掌握到可以放慢說話速度的訣竅。同時，作者也建議職場工作者在接聽電話時將流程與開場白寫下來，減少看不見對象產生的不確定感，消除說話的焦慮。

　　身為一個聲音教學者，我從本書中也獲益良多，相信你也能透過書中的練習，培養優質的說話習慣，展現你的職場價值，一開口就讓人挺你！

推薦序

前言

「各位和同事、主管的溝通是否順暢呢？」

我相信一定鮮少有人會充滿自信地回答：「非常順暢！」因為實際上許多上班族都有這方面的困擾。

職場上的溝通，是不論我們多麼勤於練習，都難以習慣的一件事。我們往往不曉得該怎麼說話，才能和同事們達到有效對話、保持良好關係、獲得主管認可。都說溝通很重要，可我們卻鮮少有機會在公司裡接受如何「說話」的訓練，對於我們來說，在公司裡「說話」是屬於自己要懂得察言觀色、靠自己摸索領會的「個人」範疇。

所以最終，我們都是透過職場前輩學習，或者親自上陣磕磕碰碰，才會從中吸取經驗與教訓。然而，這些過程並不好受，有時會有損自尊，有時會內心受創，也難怪大家會對此苦不堪言，由衷希望有人可以告訴自己，「在公司裡就是要這樣說話」。

包括我個人在內，周遭所有同事也都有經歷過這段過程，所以如果有人面臨相同情形，我會希望能盡自己一己之力提供協助。倘若有人正像過去的我一樣，從失敗中學習

「職場說話術」的話，我相信至少在我的幫助下，可以更簡單、安全地學習「職場語言」。因此，我打算透過這本書，將自己在公司裡孤軍奮戰領會到的「職場說話」祕訣一一為各位做解析。

　　首先，為了把最必要、最精華的內容收錄於書，我把自身職場經歷、四處演講時遇到的學生提問、YouTube 影片留言等，整理篩選出普羅大眾對於職場說話感到最困難的部分。除此之外，為了提供各位對公司生活有實質幫助的具體改善說話習慣方法，我也見了多名職場前輩、後輩，與他們進行訪談，找出「職場說話術」的多種技巧，包括如何說得有邏輯、符合當下情況、充滿自信、充滿專業感等……使我得以把這些可以輕鬆套用於各種職場情境的實用說話術歸結收錄於此書。

　　相較於一般市面上閱讀完以後會讓你感覺「喔～我應該也能把話說好！」的書籍，我希望這本書是可以使你願意放在案頭，隨時取閱練習，並感受到「哇！我也終於能把話說好！」的書籍，並且藉由這本書，將腦中想法整理得井然有序，充滿自信地表達出來；以極具巧思的說話習慣，在關鍵時刻凸顯出自己的存在感與價值。由衷期盼從今以後可以讓「說話」成為自己的競爭力，不再因「說話」而阻礙實力展現。衷心為各位讀者朋友加油打氣。

　　　　　　　　　　　　　　　　　　　　崔美英　敬上

目錄

推薦序｜你的說話習慣，能展現你的職場價值嗎？ 003

前言 007

序言｜致在職場上說話困難的你 013

Chapter 1
說話即為競爭力的時代 017

01 把工作做好不就好了，一定要會說話嗎？ 019

02 在公司不善言辭的真正理由 023

03 讓主管願意力挺我的說話習慣 028

Chapter 2
把話說得有邏輯，就會具有說服力 035

01 停止冗長說明！ 037
　　按照邏輯表達想法的說話習慣

02 千萬別錯失重點！ 047
　　直搗核心的說話習慣

03 「為什麼」，很重要嗎？ 054
　　引導主管迅速做決定的說話習慣

04 所以到底做了什麼事？ 064
　　把事實（fact）變成印象（impact）的說話習慣

05 面對突如其來的提問，腦袋會一片空白 072
　　培養臨場反應的說話習慣

TIP 日常生活中培養邏輯力的方法 078

Chapter 3
只要能掌握眼下情況，工作自然有 Sense 085

01 報告也需要 TPO 087
　　找出絕佳時機點的說話習慣

02 這並非主管的指示？ 093
　　了解主管重視之事的說話習慣

03 聽不懂你在說什麼 100
　　簡明扼要的說話習慣

04 為什麼要突然說那些？ 107
　　吸引主管耳朵的說話習慣

TIP 主管最討厭聽到的話 116

Chapter 4

把話說得肯定，就會產生自信心........................ 121

01 為什麼只要我說話，就要質疑我？.....................123

展現肯定確信的說話習慣

02 說話老是太小聲 130

養成清亮嗓音的說話習慣

03 我會不自覺語尾含糊......................................137

清楚說到最後的說話習慣

04 拜託不要點到我 145

克服焦慮的說話習慣

05 我會呼吸急促、說話結巴................................152

掩飾緊張的說話習慣

TIP 在辦公室裡展現專業接聽電話的方法.......................159

Chapter 5

改變說話嗓音，會讓人覺得你很有能力............ 165

01 我聽不懂，你能再說一次嗎？.........................167

讓人過耳不忘的說話習慣

02 想要改掉孩子氣的說話口吻............................176

打造專業人士嗓音的說話習慣

03 他們說我的發言太沉悶...183
　　輕快活潑、充滿生動感的說話習慣

04 我只是說句話而已，就被問是不是生氣了.............................189
　　培養成溫和口吻的說話習慣

05 照著念也還是會結巴...195
　　宛如平時說話般簡報的說話習慣

TIP 這種情形就用這種嗓音！...203

參考文獻...206

致在職場上說話困難的你

「耶！終於弄好了！」

崔代理對於自己連日傾心盡力準備的績效報告資料深感滿意，但是接過資料的組長看完以後不禁蹙眉。

「嘖！所以到底想表達什麼？」

「為什麼一定要這樣做？」

「所以這樣做會幫公司賺多少錢？」

面對組長的連珠炮提問，崔代理腦袋一片空白，什麼話都答不出來。他像個罪人一樣杵在原地，最終只有得到組長一句「連這點事情都做不好嗎？重做！」的結論。明明盡了最大努力，究竟是哪裡出了問題？

各位在簡報前是不是也會做足功課呢？但是在正式簡報時，有將辛苦準備的資料充分傳達出去嗎？許多主管會在我們簡報才剛開始沒多久，就突然以「ok，到這邊就好」打斷我們的發言，然後開始瘋狂提問。當我們在回答他們的提問時，又不把話聽完，就緊接著問下一個的問題，不給我們留

任何情面和餘地；這時，我們就會突然陷入一種辯解迴圈，忙於回答主管的各式提問，全神貫注在該如何回答，完全忘記自己原本要簡報的內容，自然難以提供主管滿意的答覆。最終，準備已久的資料不僅未能好好傳達，還惹主管不開心，只得到主管一連串的批評，「所以到底重點是什麼！」便草草結束會議。這就是為什麼許多職場人士在準備「簡報」時，都會倍感壓力、緊張焦慮的原因。

實際上，因為週一有會議而導致週末無法好好休息，戰戰兢兢準備簡報的人多不勝數，而且那份壓力完全屬於個人，無人能替。在我還是職場菜鳥時，也不能理解為什麼主管在準備進行簡報前都比較神經質，直到我的職等愈來愈高，需要親自簡報的情形愈來愈多以後，才比較能理解那種緊張忐忑的心情，簡直如履薄冰。

然後這份焦慮感會使我們變得更加畏縮，每每只要站到主管面前就會變得好渺小，說話音量也會不自覺變小。面對主管的提問，腦袋也只會一片空白，沒辦法好好回答，直冒冷汗。如果這時一旁的同事還能夠和主管對答如流，內心自然是焦慮無比。

令人惋惜的是，像這樣心慌意亂的時候，不論做任何事情都很容易出錯，就算一心想把話說清楚，也會愈說愈模糊、結結巴巴、邏輯也不通，然後就會從主管口中聽見傷人話語，宛如一把匕首直直飛來。

序言

也因此，許多職場人士對於「職場說話」感到痛苦萬分。我有朋友甚至為此需要長期服用精神科藥物，或者因為緊張過度而在簡報時突然聲音沙啞；然而，最令他痛苦的是，都已經飽受溝通表達折磨，卻無人可以傾訴，尤其對公司同事更難以啟齒，深怕一不小心就成了自己的弱點，所以也無法向人尋求協助，只能獨自隱忍。

　　其實對於這些人來說，內心痛苦不僅止於「表達」，而是苦心準備的資訊未能透過「言語」如實傳遞，實力自然容易被低估，等於是在展現自身實力的關鍵時刻，「說話」反而成了自己的絆腳石。

　　如今已是展現自我比自身實力還要重要的時代，如果想要讓自己的想法被人視為是有價值且重要的，就需要開始認真思考並持續練習「如何」傳遞我們的實力。

　　賈伯斯曾說：「有傳遞價值的訊息要用盡全力去傳遞。」各位不妨回想他的簡報，從動線、道具到簡報設計，都能充分感受到他為有效傳遞訊息做了多少努力；因此，許多人才會被他的熱情打動，用心聆聽。

　　假如我們也希望主管和同事可以感受到我們的熱情，就要卯足全力傳遞訊息。接下來，我將帶各位一同了解怎麼說話才能擄獲聽眾的心，如何讓自己準備的資料在聽眾心目中留下深刻印象，以及在公司裡充滿自信、明確表達自身想法、獲得實力認可的方法。

未經展現的實力，無人知曉。
從今以後，還請用盡全力，
展現自身實力。

Chapter **1**

說話
即為競爭力的時代

01

把工作做好不就好了，
一定要會說話嗎？

　　公司是競爭激烈的地方，光靠一個人埋頭苦幹是不夠的；還要盡可能積極展現自己的業績成效，才能證明自己的工作能力且受人評價。

　　此時，為能證明自身實力、獲得主管認可，就必須善於「說話」。要將自己所做的事情透過「說話」表達出來，大家才能明確知道你究竟做了哪些事、有哪些成果；而且也要把這些事情說出來，才能讓自己顯得有能力、有價值。這就是在建立屬於自己的形象，打造自己的品牌。

埋頭苦幹，實力會被人認可嗎？

假如我們孤軍奮戰、勤勉誠實地工作，主管就會自動察覺我們所做的一切努力嗎？不，等公司進行人事考核時，就會被主管質疑你今年都做了什麼。

我們做了哪些事、締造出哪些成績、付出了哪些努力，這些事情如果平時都不說，主管就絕對不可能知道我們確切做了哪些事。因此，為了讓自身實力獲得正確認可，在日常生活中就要定期將自己的業務成果和實際績效表達出來，讓主管知道，這是職場生活上非常重要的一環。

許多人會認為，「只要認真工作，自然會被主管看見！」、「何必自己去一一解釋說明，搞得好像一副在邀功的樣子，也太難看」。然後恪守本分，默默做默默受，但是最後就會變成只有自己懂自己的辛勞，這樣真的有意義嗎？當對方沒有看見自己付出多少努力時，不會使你更忿忿不平嗎？

你需要的是能夠展現真本事的「說話能力」

假如你是有實力的人，就要讓更多人認識到你的真本事才行。為此，會需要能夠展現實力的溝通能力，亦即「說話能力」，因為只要擅於「說話」，不只是表現自身成果，還能更有意義地向大眾展現自我存在。只不過這件事情並不容

易，我們之所以會一直默默工作，就是因為不擅表達的關係。

因此，在看那些表達能力優秀的同事時會好生羨慕；在看那些工作能力不比說話能力優秀的同事時，還會感到有些討厭；然後暗自心想：「主管一定知道我比他工作更認真！」但是你有沒有遇過一個不留神，功勞反而被那種同事搶走的情形？或者主管反而更賞識那種同事，使你倍感委屈呢？

難道真的是主管沒有慧眼？不是的，能言善道的同事是很明確知道如何把自身業務成果更有效傳達給對方的聰明人，所以主管自然會認為這些人的工作能力較佳。

主管會因為不經意的一句話來評價我們，我們又會根據主管的評價得到人事考核結果；因此，為公司帶來的績效成果固然重要，但也要記得向人展現那份成果：對於公司來說別具意義、有實質上的幫助、為團隊做出相當大的貢獻。這麼做，才會使你所做之事有「價值」，主管也才會認可你就是做了如此重要之事的人，人事考核自然會有好成績。

人事考核不是工作能力愈好的人，分數愈高嗎？請容我說得直白一點，在公司組織裡，工作能力好是什麼意思呢？其實這是很主觀的，會根據觀看者的角度、觀看者的評價而不同。明明是同一個人評價，卻會因不同主管而產生不同評價結果；時而變成有能之人，時而變成無能之人，這種矛盾情形屢見不鮮，因為每個人的觀點不同。這句話是什麼意思？表示比起自己多麼認真工作，主管用什麼觀點看待自己

的業務績效更重要。

主管的觀點是透過我們的「說話習慣」建立

不妨留意一下平時被評為工作有能力、有概念的人;他們的談吐發言,他們會藉由「說話」來擄獲主管的「芳心」。一旦被認定成值得信賴的人,主管就會經常支持他們的論點,也會變成他們強而有力的後盾。

讀到這裡,你可能會感到有些憤怒,甚至誤解成「所以在公司裡是靠賣弄口才生存嗎?」、「所以都不用工作,只要很會耍嘴皮就好嗎?」不是的,我可以很確定地回答「No」。我的意思是,既然我們每個人都有能力把工作做好,那就不要因為「說話」而吃虧、受委屈,或者在關鍵時刻成為自己的絆腳石。

換言之,從今以後,我們不妨養成一套實力能夠被正確認可的「說話習慣」,讓我們的績效可以得到準確認可,並成為公司認證「工作能力優秀」的人,不再被質疑「你真的有把事情處理好嗎?」、「你確定要繼續這樣工作?」而是被稱讚「果然辦事能力一流!」、「所以我才會把事情交給你處理」。因此,不要再過分謙虛看待自身工作,我們要先認可自身工作的價值才行。可以謙和有禮,但仍需充滿自信地展現自身實力。

02

在公司不善言辭的
真正理由

「我每次私底下和朋友見面都能談笑風生，但是只要一進公司就會不善言辭。」

有些人在日常生活中可以和朋友相談甚歡，一進公司卻不曉得該說些什麼。其實不論是見朋友還是在辦公室，同樣都是「說話」，為什麼唯獨在職場上就會變成一件困難事？

在公司裡，發言的目的是「說服」

那是因為日常說話與公司說話的目的截然不同。當我們在和朋友閒聊時，主要是以分享日常話題為主，會彼此附

和、感同身受，聊天聊到忘我。和朋友的對話中，並不需要說服朋友或者獲得他們的認可，所以自然可以暢所欲言。

　　但是在辦公室裡呢？職場上的發言是帶有明確目的性的，透過「說服」才能促成事情，畢竟公司不是一人工作的場域，所以和多人溝通就變得極為重要。此時，我們為了讓對方願意與自己合作、配合專案時程，就必須不斷地說服對方、協調意見；其實換個角度看，在公司開會、寄電子郵件、打電話等每一項動作，都是在努力說服對方。

　　尤其和主管的溝通是促進事情發展的必要元素，我們會將此稱之為「報告」，報告是幫助主管可以做出正確決定的過程。因此，主管會仔細檢視我們報告的資料，也會用多方面的角度去思考我們的提案是否為最佳解方、會不會有什麼問題或疑慮。

　　正因為做決定是會伴隨責任的，所以主管才會無法輕易採信我們的論點，用充滿懷疑的眼神做出「這樣真的好嗎？」、「我可不這麼認為」等反應。為能順利說服這種主管，就需要將我們的論點精準傳遞給對方，使對方信服。除此之外，我們的論點為何值得推動、有何意義、價值是什麼，也需要條理分明地向主管說明，使其感同身受才行。如此，我們的論點才會更具說服力。

　　所以在公司裡，比起自己想說什麼，不如先思考怎麼說才能說服主管。要是能將我們的想法清楚明瞭、別具意義地

表達出來，成功說服主管；那麼，主管自然會同意事情推動，並支持我們的論述。

使我們畏懼退縮的「他人視線」

我們在公司裡不善言辭的另一個理由是，會很在乎「其他同事怎麼看自己」，也就是害怕其他同事會不會認為「他到底在說什麼？」所以才會覺得與其被批評，不如閉口不語，少說少錯。

然後等到不得已必須在大家面前說話時，內心就會極度不安，「要是又當眾出糗的話怎麼辦？」自己嚇自己。一旦開始畏縮，腦袋就會一片空白，平時常用的單字也會一時間想不起來，甚至還會說話結巴，呼吸急促。只要經歷過這種不舒服的感覺，就會對發言更加排斥，深感恐懼。

如果想要擺脫這樣的恐懼，就必須重新思考在公司裡發言的本質，報告的主角不是「我」，而是「訊息」。但是每次只要一緊張，我們的大腦就會充斥著「我」，煩惱著「大家會怎麼看我？」反而忽略掉真正的主角──「訊息」。這樣的話，我們還有辦法把話說好嗎？

假如你也想把話說好，就必須把專注在「我」的所有注意力，統統轉移至「傳遞訊息」這件事情上。與其花時間煩惱「我能否有好表現？」不如靜下心來好好思考「該怎麼表

達才能更吸引大家關注我的提案內容和觀點？」這樣就能讓自己多少擺脫掉一些焦慮不安，轉而去做好萬全準備。

讓我們停止思考的「是病」

各位可曾聽說過「是病」這個單字？這是個網路新造語（Naver 知識百科），用來諷刺當主管指派工作任務時，只會以「是」來回答的人。其實光用一個字「是」就能充分展現積極配合、謙和有禮的印象，所以經常被人使用；但是如果去細究「是」這個字為何會成為組織裡的萬用溝通語言，會發現其原因是有些心酸的。

公司是非常強調位階輩分的組織，就算現今組織文化已不同於以往，卻仍留有一些階級制度（hierarchy）組織文化下的痕跡。在這樣上命下從的文化裡，我們的想法很難受人尊重或被接納。當我們提出點子或提案，卻頻頻得到「少囉嗦，叫你做你就做」或「把你該做的事先做好」這種回應時，久而久之，我們就會自然產生「反正說了也不會被採納，倒不如不說了」這種消極念頭，甚至認為與其說出自身想法，或者反駁主管的意見被主管視為眼中釘，不如乖乖附和主管的意見，才是職場上的生存之道；因此，我們總是看著主管的臉色，並成了只會回答「是」的應聲蟲。

然而，假如你習慣用「是」來回答一切，就會逐漸失去

思考的能力，等於不需要靠說話來表達，想法自然不會有長進。問題在於當你遇到不能只回答「是」的時候，平時不讓你有太多意見的主管，有時也會突然要求你發表個人看法；但是假如你回答不出來，他就會開始訓斥，「連這種問題都回答不好！」上演這種矛盾的窘境。

因此，假如平時都沒在訓練表達，那麼，要能夠臨時把話說好的機率可說是趨近於零。為能回答出除了「是」以外的觀點，平時就要從很小的事情開始練習有自身看法、彙整想法、有效表達，我們的思路才會愈見清晰。

能言善道的人是擁有多元思考的人，而且還懂得用明確的詞彙將那些想法傳遞給對方，使對方更容易理解。為能擁有這項技能，需要靠平時在日常生活中的不斷練習，即使是小事，也要努力試著說服對方為什麼需要做這件事、預計如何執行等，使對方願意接納。我相信一開始一定不會很順利，但是如果害怕碰壁而選擇逃避，連嘗試都不願意的話，我們就永遠無法脫離「是」的舒適圈。雖然會有些受傷，但還是奉勸各位多方嘗試，並從經驗中尋找改善方案。只要能夠克服這段過程，就會明顯感受到表達能力有逐漸進步，經過這段蛻變過程之後，就會對說話這件事變得更有自信。因此，平時不妨慢慢鼓起勇氣，嘗試「表達想法」吧。

03

....

讓主管願意力挺我
的說話習慣

　　準備就業時，我原以為只要能夠順利進入公司就能解決
所有問題；但是等我真的找到工作以後才發現，原來還有層
層關卡在等著我過關斬將。明明是在茫茫大海中好不容易找
到一個猶如救生艇的公司，卻在我一爬上救生艇還沒回過神
來之際，就叫我趕快划槳的感覺。不過這倒也還好，真正使
我們感到痛苦、難以翻越的高山正是主管；因為和主管永遠
都溝通不良。

　　主管是我們生活至今從未遇過、難以捉摸的存在，就算
是很有親和力的人，也不容易和主管順暢溝通。因此，進入
公司以後，同期新人往往會私下聚在一起說主管的壞話。主

題都大同小異，不外乎在抱怨：「我實在不能理解！你們不覺得這人超奇怪的嗎？」

讓主管成為自己人

然而，主管真的就這麼罪大惡極嗎？不，主管在你的職場生涯裡，很可能是比任何人都還要可靠的支援軍；最終，會因為和主管處得好不好而決定你的職場生活。所以我會呼籲，一定要把公司前輩視為「皇家聽眾」（Royal Audience）。

Audience 意指聽眾，Royal Audience 則指相信並支持我所傳遞的訊息之聽眾，等於是明確力挺自己的人；就如同 BTS 防彈少年團的粉絲團「Army」一樣，他們透過強而有力的粉絲文化，將 BTS 推向了全球音樂人行列。由此可見，皇家聽眾不只是純粹消費內容的族群，他們還會賞識你的真正價值、幫助你提高身價，是明擺著的自己人。

假如在公司裡，主管可以成為你的皇家聽眾，支持你的意見，鼓勵你、賞識你的話，職場生活一定會變得順風順水，幹勁十足吧？那麼，究竟要怎麼做，才能擁有像 BTS 的 Army 般，對自己死心踏地的皇家聽眾呢？

擄獲人心這件事

「物質是資本的時代已經過去了，如今，共感才是最大的資本。那些金髮碧眼的洋人為何要為了見 BTS 一面而搭帳棚露宿街頭？答案當然是為了追隨美妙音弦。這難道是在做商品生意？不，是做心靈生意，是用錢也買不到的人生樂趣──共感，吸引人們聚集。」

「金志秀的星際效應」，《朝鮮日報》，
2019 年 10 月 19 日

李禦寧老師說，BTS 不是在販售音樂，而是在擄獲人心；亦即，締造出皇家聽眾的祕訣不在於商品（音樂），而在於真心。他們不僅提供音樂，還藉由和粉絲們的互動交流來擄獲人心，所以才能夠躍升成國際藝術家。

因此，為能將主管拉攏成自己的皇家聽眾，我們必須先擄獲主管的心，而在這之前，自然需要和主管溝通順暢，也就是透過公司語言「報告」來達成。報告是在公司裡為了使溝通順利良好而必備的語言，就如同去美國就要說英文一樣，如果想要在公司裡溝通無阻，就需要使用公司語言──「報告」，這樣彼此才能夠聽懂對方要表達什麼。

但是問題來了，這種公司語言「報告」遠比英文還要難

學，也找不到門路；儘管如此，報告還是比英文更容易影響我們的生活，所以一定要練習到熟能生巧才行。畢竟你要先熟稔公司語言，才能和公司前輩、同事暢談，甚至引導出自己想要的結果。

為了說一口流利的某國語言，我們要去了解該國的文化與情懷，因為語言是來自社會脈絡；「報告」也是同樣的道理，要先掌握公司的文化與情懷，才有辦法表現出色。因此，你需要先思考清楚，公司究竟是什麼場所、做什麼事情的地方才行。

溝通順暢的人容易得到認可

公司是以創造利潤為目標，聚集各路人馬一起工作的場所，而且為了讓工作能夠順利進行，需要意圖明確的溝通，不能讓彼此有所誤會。假如準備的內容未能如實傳達，就會導致白忙一場，或者造成彼此在為不一樣的目標奮鬥，等於浪費了相關人士的時間與金錢。

更大的問題是，在這種約定俗成的溝通方式中，要是無法有效溝通，就會被人認定為沒有能力、冥頑不靈的人，等於留下愚昧又不長眼睛的印象；這麼一來，不僅擄獲不了主管的心，還會被認為是不值得信賴、無能的人，人際關係也會變得棘手，公司生活更是難上加難。

因此，公司語言——「報告」比任何「說話」都還重要，不僅要能夠直搗核心，邏輯也要夠明確，還要視情況做說明，不能讓人有見縫插針的機會，並藉此成為想要一同工作的夥伴、值得信賴的對象；當你達到這種境界以後，便會對工作產生動力，事情也處理得順利，成果自然會獲得認可。一旦主管對你產生「果然如此」的認知，自那一刻起，主管就會變成支持、領導你的「皇家聽眾」。

從今以後，創造屬於自己的說話習慣

　　為能將主管變成自己的皇家聽眾，從今以後，要開始改變我們的說話習慣。用簡潔有力、符合邏輯的方式，專挑核心重點傳達給主管，讓主管可以立刻掌握關鍵內容；即使面對主管突如其來的提問，也要能面不改色，對答如流。為此，我們需要多練習將想法有條不紊地展開，在此，也需要有策略性地去接近感性層面，設定符合時間、地點、場合（TPO，Time、Place、Occasion）的策略，讓主管願意專注聆聽你的發言，並且盡可能得到主管的正面回饋。

　　假如已經設定好用邏輯與感性夾攻主管的策略，那麼剩下的課題就是充滿自信地將訊息傳達給對方，因為在說服主管、贏得主管信賴這件事情上，自信態度與肯定口吻是必要條件。要是能條理分明、符合情況、充滿肯定地將自己想

說的話表達出來，主管自然會願意專注傾聽、點頭同意。這時，我們要更加確實建立自己的形象，也就是透過我們說話時的嗓音，將正能量注入在嗓音裡，展現滿腔熱血，並用精準的發音完美傳遞內容，甚至要讓人覺得你是有能力、具有專業度才行。當你建立好這樣的說話習慣以後再去嘗試說服主管，相信主管一定會認為：「看來這人是個可用之才」。

從現在起，請先留意自己在公司裡說話時，是否說得簡明扼要、充滿自信、用精準發音與謙和口吻、按照當下情境與氛圍表達，要是有發現不足之處，就請於平時日常生活中嘗試改變說話習慣。由於習慣絕非一朝一夕能改，所以為了調整「說話」習慣，必須要有強烈的意志與意識。

尤其需要在日常生活中不斷嘗試變化，經歷各種考驗磨練才行。畢竟公司語言與主管的性格、現處情況、與主管之間的關係、組織氣氛等眾多變數有關，所以並沒有絕對的解答。因此，當你在公司裡說話時，不妨隨時套用這本書裡介紹的各種方法，將其微調成符合自身情境的方式。透過這樣的過程，我相信你一定能建構出屬於自己、充滿巧思、與任何人都能順利溝通的一套說話習慣。如果你也想體驗認同並支持自己的主管眼神，那就來開始建立自己的說話習慣吧。

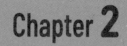

Chapter **2**

把話說得有邏輯，
就會具有說服力

01

停止冗長說明！

按照邏輯表達想法的說話習慣

《傲慢與偏見》中，賓利說道：「思緒飛得太快，使我無暇用文字好好表達，而這也導致有時會無法將想法完整傳遞給收信者。」

實際工作時，我們也會收到像賓利寫的信一樣，沒頭沒尾的電子郵件；只讀一次實在難以掌握內容，甚至需要將其列印出來重新閱讀，或者在文字底下畫線才有辦法得知整封郵件的核心重點為何。然而，真的需要如此大費周章閱讀一封郵件嗎？會不會太令人厭煩呢？假如對方有將自身想法透過文字好好呈現，是不是就能更容易且快速理解這封郵件的主旨及目的呢？

其實說話時也是。假如可以把腦中思緒整理成語言，簡明扼要地傳達，聆聽者也就能快速理解你要表達的意思，而這也是為什麼我們在開口發言前必須先想好再說的理由。然而，大部分人在說話前都不會事先做好準備，往往是即興發揮，想說什麼就說什麼；最終，將訊息歸納、理解、摘要重點，就成了聆聽者的責任。像這樣毫不體恤對方的發言很難受人尊重，因為對方不一定會努力嘗試理解我們的發言，有時會轉而放空，嚴重時還會面帶不耐。

　　因此，當我們在與人交談時，如果希望對方能用心傾聽你的發言，就必須好好傳達訊息，將自己的想法透過語言潤飾，將語句重組成對方能夠馬上聽懂的順序，再把話說出口；我們稱這樣的順序組合為「邏輯」，當你排列的邏輯愈明確清晰，原本冗長又無頭緒的語言才會變得井然有序，與此同時也才能提高說服力。

　　那麼，究竟該怎麼做，才能讓我們雜亂無章的思緒重整排列，有邏輯地表達出來？接下來，我將為各位介紹幾套說話公式，讓內容可以被有效傳達，並且提升說服力。

利用 OBC 來整理想法

在一般情況下，最容易使用的方法便是 OBC。OBC 是 Opening、Body、Closing 的縮寫，簡單來說，就是引言、正文、結論。雖然人人都聽過這套方法，內容也很簡單，但是鮮少有人會實際運用於發言。當你試過一次之後就會發現，其實一點也不難，還能將內容整理得簡潔有力。

Opening 是指說話的引言，引言的最重要角色就是引發聽眾好奇關注。為此，我們要先幫聽眾畫出一張大藍圖，告訴對方自己接下來會說什麼，這樣聽眾才有辦法預期等一下即將聽取哪些內容。這時，如果可以適時拋出一些刺激對方好奇或共感的臺詞，便能自然提高聽眾的專注度。

Body 指的是正文，也就是真正要傳遞給聽眾的訊息。在這段內容中，要具體說出做什麼 What、為什麼要這麼做 Why，以及如何執行 How，這樣才有辦法將我們的想法展現得更為完整，按照當下情況重新組合排列 What-Why-How 也無妨。

Closing 則是指幫內容做收尾的結論部分，適合把先前提及的內容重新做重點摘要來強調，或者賦予意義、提出未來方向。假如不是績效報告而是主題簡報或發表，納入一些感性元素也不錯，這麼做能使訊息的共感度加強，也能提升說服力。

O Opening	引言 介紹主題 誘發關注	近期因各家企業開始進入數位轉型，導致企業經營環境驟變，該怎麼做才能在這種數位創新時代下生存？
B Body	正文 What | Why | How	我們會提出這樣的建議： 以數據資料為基礎的數位轉型。 因為在數位創新時代下，比的是誰能夠快速、精準、有效地解讀出數據資料背後的意涵，並且嗅到商機。這將會左右一間企業的成敗。 為此，我們提出的方案是 ICBM，亦即，▲ Iot（Internet of Things）▲ Cloud ▲ Big data ▲ Machin Learning。
C Closing	結論 強調主題及 提示點	假如企業透過 ICBM 方案達到根本上的數位創新轉型，便能在快速變化的產業中做出敏捷應對，並期待達到別具意義的成效。

按照邏輯表達想法的說話習慣

利用 PREP 來做說明

　　PREP 也是有助於依照邏輯排列訊息的好方法。PREP 是 Point、Reason、Example、Point 的縮寫，通常都會直接按照字面「Prep」來發音。使用這個技法，就能確保自己不會偏離重點，並且將訊息一目瞭然地傳遞給對方。最重要的是可以有效防範主管經常提問的問題套裝組：「怎樣？」、「為什麼？」、「你確定？」、「所以？」

　　Point 即 What，也就是核心重點，想要主張的內容是什麼。Reason 是 Why，亦即主張的理由，所謂名分或正當性。

Example 雖指範列，但從必須提出具體數據等證據的意義來看，我會將其解讀成 Evidence。實際套用在組織裡的時候也可以納入執行方案 How。最後 Point 的部分則再重複一次自己的主張。這時，將自身觀點結合前述提到的數據等資料再強調一次，會比純粹重申自己的主張還要來得有效；所以我會把 PREP 最後的 Point 改成 Perspective（觀點）來使用。

P Point	What	主題	怎樣？
R Reason	Why	理由	為什麼？
E Example Evidence	How	案例 證據	你確定？
P Point Perspective	So What	主題 提示點 目標及抱負	所以？

範例 1

P 應該要每天運動。

R 為了身體健康。

E 實際上，每天運動三十分鐘的人比較不容易生病，平均壽命也多五歲。

P 為能活得健康長壽，要每天運動才行。

P 在公司裡要能言善道。

R 這樣才能在組織裡獲得認可。

E 實際上，根據針對美國五百大企業經理人的問卷調查顯示：「溝通」是他們成為經理人的最重要能力。

P 因此，若想在組織裡嶄露頭角，就一定要善於表達。

是不是看起來很簡單？但是如果實際套用 PREP 技法在簡報當中，就會發現沒有想像中來得容易，因為要將龐大的個人觀點放進定型化的框架當中，著實不易。因此，我將補充介紹幾種變形框架，供各位在公司裡也可以輕鬆使用。

向主管報告推動方案時

P（主張） 啟動「網絡人文學發展所」專案。

R（推動背景） 如今，人與人面對面溝通的機會愈來愈少，透過人文學這個媒介，增加公司同仁之間的溝通。

E（執行方案） 此項專案預計透過遠距視訊會議進行。第一場講座將介紹知名畫家的名作與背景，以 Art&Travel 方式來進行；日後也會安排紅酒、歷史、照片等公司同仁會感興趣的主題講座。

P（期待效果） 將來也會反映公司同仁的意見，將「網絡人文學發展所」擴張成我們公司最具代表性的溝通專案。

向主管報告政策方針時

P（主張） 執行公共租賃住宅的支援租賃保證金事業。

R（推動背景） 儘管公共租賃住宅的租金相對低廉，入住者裡仍不乏因籌不出保證金而不得不中途退租的案例。為了讓低收入戶住得安穩，故準備此政策。

E（執行方案） 具體執行方案為，50％的租賃保證金（兩百萬韓元為上限），最長可享二十年分期零利率。預計今年將投入四十一億韓元，有兩千三百三十戶因此而受惠。

P（期待效果） 透過這項政策，可以讓低收入戶免於受保證金所苦，或放棄原居住地。

向主管報告實際績效時

P（實際績效） 今年我們公司的服務滿意度為九十三分。

R（賦予意義） 比去年提高了三分，經過資料分析後發現，是因持續推動改善顧客體驗奏效而提高分數。

E（具體努力） 實際顧客在專業度（九十七分）、親切度（九十五分）、迅速度（九十三分）等給予我們相當高的分數，唯有在「容易接觸度（八十七分）」上是顯示有待加強的。

P（目標及抱負） 日後將著重改善「容易接觸度」，讓明年的所有項目都可以達到九十分以上的滿意度。

像這樣按照 PREP 順序整理訊息，就能有效防止不必要的訊息夾雜其中，也就是讓核心重點變得更清晰，同時又能按照因果關係依序呈現，所以自然符合邏輯且具說服力。從今以後，說話不要再兜圈子了，不妨運用 PREP 順序來讓自己的簡報簡潔有力又兼具邏輯吧。我相信，不久後你便能聽到「這人口條真不錯！」的評價。

按照邏輯表達想法的說話習慣
利用 SBE 來進行說服

說服主管時，不妨嘗試使用 SBE：S 是 Solution，B 是 Benefit，E 是 Evidence。假如有想要推動的業務或想要向主管提議的點子，就會推薦各位使用這套方法。

Solution 是解決，也就是提出「預計要怎麼做」來解決眼下問題，等於是先說結論。接著，比解決對策更重要的是 Benefit，效益。因為要讓聆聽簡報的主管產生「哇！真的好需要這麼做！」、「要是能這麼做應該會很棒」的想法，就算再好的策略和提議，只要沒有效益，主管就不會採納；因此，為了提高說服力，記得要站在主管或公司、顧客立場，具體說明先前在 Solution 階段提出的策略會為我們帶來多少效益。接下來，再透過具體證據 Evidence 來證明我們的主張是妥當的，這樣才能使主管信服採納，並且達成說服。

S 本次公司研討會將於 A 度假村進行。

B 由於是剛開幕不久的度假村，所以具備完善且新穎的研討會設備，而且價格也很合理。

E 與其他同等級度假村相比，A 度假村的投影設備、音響設備等系統方面以及桌椅等硬體設施都較為優秀；儘管設備明顯勝出，價格仍與 B 度假村及 C 度假村一致，甚至還能享有開幕歡慶優惠九折活動。

S 新產品網路行銷想請網紅 A 來合作。

B 網友對於 A 介紹的產品信賴度頗高，假如請網紅 A 來開箱我們的新產品，預計會對新產品銷售有相當大的幫助。

E 實際上，只要網紅 A 上傳某項產品的開箱影片，該產品的銷售量就會瞬間暴增；上次上市的新產品也是，開箱影片上傳之後關鍵字搜尋量就增加了○○％，銷售量則提升○○％。

按照邏輯表達想法的說話習慣

1. **藉由 OBC 來整理思緒**

   這是用引言－正文－結論來整理思緒的最基本公式；假如你想要整理腦中雜亂無章的想法，就可以先用這套公式來做整理。

2. **套用 PREP 來做說明**

   先將這套公式紀錄在手帳裡，當你需要製作簡報、和相關部門電話溝通、開會時，都可以隨時翻開使用。這套公式可以幫助你條理分明地表達己見，在面對突如其來的提問時也可以應答如流。

3. **利用 SBE 來進行說服**

   這套公式的核心在於 Benefit，切記一定要專攻「到底哪裡好」，才會更具說服力。

* 這幾套公式的細項可以像樂高積木一樣自由組成各種型態，請依照簡報型態與訊息流向來自行調整使用。

千萬別錯失重點！

直搗核心的說話習慣

　　相信各位一定都知道「性價比」的意思，也就是性能和價格的比例，俗稱 CP 值。性價比高，就表示用較少的價格獲得較高的滿足。然而，各位知道嗎？我們說話其實也有所謂的性價比。將主管一定要知道的重點簡明扼要地傳達，便是性價比高的溝通方式。

　　尤其在公司裡發言時，更需要提高我們的溝通性價比；因為主管總是繁忙，能夠給你的時間有限，假如對主管說話前都沒事先整理好，冗長地說著漫無邊際的內容，就等於是在浪費主管的時間。此時，大部分的主管都不太可能有耐心，而是用「我沒時間，快說重點！」來催促你，要是面臨

這種情形，各位會如何應對？

我相信許多人都會選擇加快自己的說話速度，因為必須在短時間內將想講的內容統統倒給主管，卻又知道時間不足，所以內心忐忑，情急之下說出來的話自然是結結巴巴、含糊不清。像這種情形，我們真的能夠將目標訊息好好傳遞給主管嗎？

假如用刪減內容來取代加快說話速度的話，會怎樣呢？也就是設定好訊息的優先順序，按照內容的重要程度來傳達訊息，愈不重要的訊息就放愈後面，甚至果斷刪去，只傳遞必要訊息。等等，我似乎有聽到各位在說：「都很重要，一個都不能拋棄。」其實當我們果斷放掉自認為重要的訊息時，反而會發現整段內容的核心重點和脈絡變得更為清晰，表示那些訊息其實並不重要。

那麼，接下來就讓我們一起來看看，該怎麼做才能將訊息去蕪存菁，將其簡而有力地傳達給主管。

直搗核心的說話習慣

先設定好「為什麼」要說「這些」

我喜歡工作目的明確的對話。假如在正式進入會議前，可以先向與會者說一句：「我今天要與各位討論三件事」的話，就能有明確的開始，大家會有心理準備。然後，如果可

以在會議進入尾聲時，將討論過的內容或交辦事項重新做一次重點整理的話也會更佳。這樣不僅能使會議時更專注，還能夠產出具體結果。

然而，像這樣明確表達核心重點的能力是天生的嗎？不，鮮少有人可以不用做任何準備直接上場還能把話說得有條不紊。「在會議中該討論什麼？」、「為什麼需要這項討論？」、「要透過這次會議得到什麼結果？」等，正因為他們都有事先掌握好會議的「主題」、「目的」、「目標」，並準備好相對應的訊息，才得以具備直搗議題本質的溝通能力。

因此，倘若你也想要將核心重點精準傳遞給主管的話，在報告前不妨先問自己三件事──「我要向主管說什麼？」、「為什麼要說這些內容？」、「希望主管為我做什麼？」透過自問自答的過程，核心重點也將愈漸清晰。

報告前要問自己的三件事

我要向主管說什麼？

為什麼要說這些內容？

希望主管為我做什麼？

設定優先順序

在我還是公司新人時，訪問過《生命中最重要的：如何將個人和組織的價值發揮到極致》（*What matters most*，無繁體中譯本）的作者——希魯姆‧史密斯（Hyrum Smith）。當時我詢問對方：「如何才能把時間管理做好？」作者的回答當中最令我印象深刻的是「優先順序」，也就是把今天要做的事情統統先寫下，再依照重要程度來進行分類。

所以自此之後，我便養成每天一到公司就先把當天的代辦事項寫在筆記本上、再按照優先順序進行分類的習慣，並親身體驗到事情處理的速度確實變快了，所以至今依然維持著這樣的習慣。

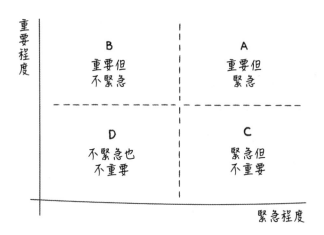

像這樣依照優先順序來將工作做區分的習慣，其實也可以套用於說話表達。亦即，先將想要向主管報告的事情一一列出，再依照重要程度來進行 A、B、C、D 區分。

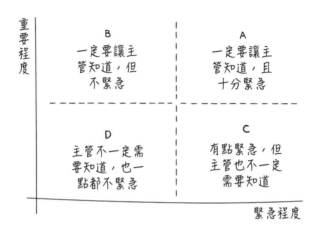

像這樣依照訊息的優先順序來進行整理，就能夠一眼分辨出哪些內容是核心重點；因此，假如你也有說話老是會偏離重點的問題，不妨試著將預計要傳達的事項事先條列出來，從中尋找符合 A 象限的內容，相信一定能從一團亂的訊息當中一眼看清何者才是最緊要的事項。

直搗核心的說話習慣
要求具體行動

向主管報告時，有一點非常重要，就是要有明確認知，說完這些話以後，希望得到什麼樣的結果。假如說得口沫橫

飛，事情卻毫無進展的話，豈不是進退兩難。因此，究竟是需要主管的建議，還是需要主管裁決，抑或是純粹向主管報告目前進度，都必須先有明確認知才行。

因為主管在聽你報告時，也會在內心思考，「所以我為什麼要聽他說這些事情？」這時，如果我們沒有具體表達目的，主管就會對於自己可以為你做什麼事感到疑惑。假如我們說：「最近工作太忙，月底前還要完成某項專案，還要做這個做那個……」那麼，聽在主管耳裡就只會淪為在抱怨或者發牢騷，甚至很可能在主管心目中留下愛抱怨的印象，更別說主管會主動詢問你，「崔科長，要不要幫你多加點人手？」根本機會渺茫。

切記不要把話說得拐彎抹角，也不要認為主管能聽懂你的弦外之音。到底想要什麼，一定要盡可能具體表達：「組長，我們需要重新調整組員之間的工作分配，最近因專案成果不錯而備受注目，進而導致工作量排山倒海而來，組員們的疲勞度也已經到達極限，所以想與您討論一下有關人事擴充或業務範圍調整等事項。」像這樣引導主管做出你想要的回應、行為及方法。

明確整理出「具體想要什麼」再進行表達，就能把重點核心傳達給主管，也能引導出我們想要的結果。因此，在向主管提出要求時，一定要把期望主管可以為你做的具體行動表達清楚才行。

直搗核心的說話習慣

---

1. 事先整理好「為什麼」要說「這些」

假如要去的目的地很明確，就算繞點路，仍能抵達最終目的地；但是假如連目的地都沒有，就會迷失方向，漂泊無定。因此，說話時一定要先想好「目的地」是哪裡，也就是「主題」和「目的」是什麼才行。

2. 設定優先順序

假如腦中思緒雜亂無章，不妨依照 A、B、C、D 來分類，這樣就能輕鬆找出哪些內容是最重要的核心重點。

3. 要求具體行動

倘若沒有提出「具體要求」，你說的話就會很容易淪為漫無重點的浮雲。記得一定要盡可能向主管具體提出自己的需求。

03

「為什麼」，很重要嗎？

引導主管迅速做決定的說話習慣

　　曾經，我帶著一份企畫書去找主管，結果主管反問：「喔，所以為什麼要做這件事？」於是我心生埋怨，主管們怎麼各個都這麼執著於做一件事情的理由，非要提出相關證據來佐證才肯罷休。然後我向主管解釋這是當今趨勢，主管卻不認同⋯⋯於是我只能感嘆，如此一來，早就大勢已去。

　　當時我彷彿覺得自己很懂，充滿自信地說著一堆不切實際的內容，沒有提出任何證據資料告訴主管「為什麼」是趨勢，根本不曉得該如何回答主管的「為什麼」；因此，儘管我提出了乍看之下像是證據的回答——「因為是當今趨勢」，也難以理解主管為什麼會歪頭表示不解，甚至延遲做決定。

然而，對於主管來說，「為什麼」是他們做決策時絕對必要的元素。因為一旦決定要執行，就會動用到公司的資源，而這也會直接牽涉到費用的問題。所以必須透過各種形式的報告來客觀地向公司證明「這筆費用是花在合理適當的事情上」。因此，在向主管進行報告時，務必要提出足以讓主管產生信心下決定的具體、具有公信力、難以反駁的佐證資料才行。

　　最終，主管問我們「為什麼？」其實是在表示他沒有看到足夠的證據可以使他安心下決定。假如「報告」的目的是幫助主管做決定，那麼我們就要提出主管充分能採納的資料，幫助其做決定，也就是用具體客觀的證據讓主管認為自己的確做了一項對的決策。當你順利通過這段過程，便能體驗到和主管愈來愈合拍的感覺，主管做決定的速度也會愈來愈快。

　　那麼，究竟該如何提出哪一種證據，才能使主管迅速有效做決定呢？接下來，就讓我們一同了解主管在做決定時，最容易確認那些項目，以及如何說服主管吧！

引導主管迅速做決定的說話習慣

請具體說明到底為什麼這樣做很好

　　人們在做決定時，最先考慮的問題是，這麼做，對我有

哪些利害得失；在此重點是「對我」。平凡無奇的內容對於做決定不會構成任何影響，這樣做「對我」具體會有何影響，才是至關重要的。

我們的主管也是，不能只提一般性的市場情況分析給主管；要把當今市場情況對「我們」公司或者團隊造成的影響納入其中，並備妥「為什麼」的答案來向主管做解釋。告訴主管如果做這件事可以獲得哪些利益，或者不做這件事會帶來哪些不利，這正是我們現在非做這件事情不可的理由，也就是所謂的正當性。你必須在這點與主管達成充分的共識，才會備受主管矚目。

因此，在進行簡報前，務必要先問自己以下這三個問題。

1. 做這件事對於「我們」公司（團隊）有什麼好處？
2. 做這件事會有哪些利益？或者不做這件事會有哪些不利？
3. 對「我們」的顧客有什麼幫助？

透過這些問題，可以重新檢視該業務對於「我們」來說是否「必要」，就如同再高端的技術，只要沒有必要性，就不會被使用是一樣的道理，至少要提出該項技術究竟會如何改變我們的人生藍圖，才會使我們願意採取「購買」的行為。我們的報告亦是如此，要讓主管有迫切需要執行該事項的感

受，這件事才會成案，就算我們的提議再好，只要對公司或團隊沒有任何效益，就沒有理由要選擇這麼做。因此，日後假如又遇到主管質問為什麼要做這件事，不妨說說看這件事對於「我們」有什麼益處，讓主管感受到其「必要性」，這便是面對「為什麼」的最佳正解。

情境 1. 推動此事的益處

- 迄今為止的我們

我們 懇求強化 YouTube 行銷。

主管 為什麼？

我們 因為是現在的趨勢。

主管 嘖，少廢話！趨勢個頭……

- 從今以後的我們

我們 懇求強化 YouTube 行銷。

主管 為什麼？

我們 我們的主要目標客群是 MZ 世代。根據資料顯示，YouTube 對這些族群的影響力每年新增〇〇 %，假如我們可以專攻 YouTube，就能吸引更多 MZ 世代的族群。

主管 是嗎？仔細說來聽聽。

除此之外，也可以反向操作，向主管說明如果不這麼做的後果是什麼，即將面臨哪些損失，這也會是非常有效的方法。

情境 2. 不推動此事的損失

- 迄今為止的我們

我們 公司目前正面臨危機！

主管 都已經在這個節骨眼了，為什麼還要做那件事？

- 從今以後的我們

我們 中國目前緊追在後。

主管 這不是廢話嗎？有人不知道嗎？

我們 假如我們不再做出改變，二～三年內在市場上的地位就很可能被超越。

主管 怎麼可能！

我們 實際上，近年來，世界第一名產品已經被中國貨占據。

主管 （嗯……看來比想像中嚴重）

我們 我們的主力事業也備受威脅。

主管 （啊，看來不能再掉以輕心，來聽聽看這位下屬怎麼說。）

提出值得信賴的資料

在我兒時的印象中，父親是天底下最難說服的人。不論對他多麼苦口婆心，動之以情，他仍堅持己見，冥頑不靈；然而，唯一能使他改變心意的超強武器正是報紙。明明是相同內容，我說的時候父親無動於衷，看到報紙上刊登出來反而深信不疑，因為在他的認知裡，女兒說的話只是純屬個人意見，報紙上的文字才是值得信賴的資訊。由此可見，具有公信力的資料對於動搖一個人的心意非常有效。

這種證據能使人產生信賴，所以如果想要說服主管，就可以透過具有公信力的資料來佐證我們的主張。比方說，「組長，我看到時下年輕人會在 Instagram 上購物」與「組長，我昨天看經濟週刊寫說，目前有許多時下年輕人會在 Instagram 上購物」兩者的說話分量大不同，員工的意見可以輕易反駁，經濟專家寫的文章則較難辯駁。

據說在 Google 社內有一句標語：「收起你的意見，用數據說話」，可見世界最頂級的 IT 公司也同樣強調「證據」的重要性。因此，如果想要成功說服主管，就必須提出任誰都會相信的數據來佐證你的主張。

順帶一提，主管相信的數據來源可能不是報紙新聞或統計廳發表的資料，而是社內數據或社內同仁也不一定；亦即，

消息靈通的社內人士或值得信賴的後輩同仁，這些人的意見也很可能是說服主管的超強依據。因此，你必須先了解主管平時對於誰的發言、出自哪裡的資料比較容易信服才行。

提出值得信賴的資料

Before　組長，我看時下年輕人的社群網站非常流行露營，我們也來企畫一些露營相關商品如何？

After　組長，我前陣子看新聞說，露營用的食品販售量相較於去年成長了 150％，露營用品則成長 134％，我們也來企畫一些露營相關商品如何？

引導主管迅速做決定的說話習慣
專攻猶豫不決的理由

「提出證據！」

這是在簡報術的書籍裡經常出現的一句話。然而，我相信一定有很多人會說：「唉，這方法我試過，一點用都沒有！」因為有些主管就是不論你提出多少強而有力的證據、將資料攤在他面前，也依然無動於衷。那麼，究竟為什麼在看完如此明確的證據以後，也難以做決定呢？這時，最好先釐清主管是因為什麼理由而猶豫不決，因為很可能是理由充足，卻有某些元素使主管不是很放心。

鄭在勝教授在其著作《大腦革命的12步：AI時代，你的對手不是人工智慧，而是你自己的腦》（八旗文化）中提到：

　　「進行決策的過程中『情感』扮演了相當重要的角色。我們雖然認為情感比不上理性，但情感能讓我們快速掌握狀況，為了讓我們能快速地行動，情感在進行決策的關頭扮演著核心角色。由情感選出的偏好和優先順位會深刻影響最後的決定。」

　　我們往往以為自己是靠理性來做一切的判斷，但其實對於做決定具有相當影響力的反而是「感性」。因此，率先要做的事情是釐清原因，找出阻礙主管做決策的感性因素是什麼；那些往往都是不好意思對後輩啟齒，或者不光彩的事情，主管甚至很可能會胡亂找個理由來搪塞，叫你不要進行這件事。說不定主管其實一直在心中吶喊：「拜託千萬別跟我提要做這件事……」你卻毫無察覺，還帶著一大堆令人難以反駁的資料和證據去努力說服。試想一下，這麼做也會讓主管十分為難吧？

　　實際上就有一名從海外被挖角回來任職於國內企業的主管，在會議中賣力地向上層主管報告；然而，不論他多麼賣力說明，主管依舊無動於衷，一副「不知道耶，我聽得不是

很明白」這種反應。所以他更仔細、按照邏輯、滿腔熱血地又重新說明了一次，卻仍換來主管「不知道耶，我聽得不是很明白」的回答，使他鬱悶不已。後來他詢問同事，才發現原來主管不想要推動這件事情是另有理由的，正因為沒有事先掌握到這點，才會說服失敗。

所以我會說，報告是訂製服，而非成衣。同一套理論不能適用於所有人，就算有再好的點子或證據，還是會依照眼前這個人的情緒、情況、喜好而接受度不同。因此，事先掌握好主管是否容易點頭同意此項提案至關重要，這樣才能找出真正使主管猶豫不決的原因，並且專攻這點來進行說服。

引導主管迅速做決定的說話習慣

---

1. 具體建議主管為什麼要這麼做

說服主管時，最強而有力的元素是「優點」。請告訴對方當我們執行此項提案時，可以獲得哪些正面效益。

2. 提出主管信賴的資料

具有公信力的資料可以大幅提升說服力。請用「數據」而非「個人意見」來進行說服。

3. 專攻主管猶豫不決的真正原因

當主管展現猶豫不決的態度時，表面理由與實質理由很可能不同，找出阻礙主管做決策的實質原因，專攻這點來說服，才會比較容易成功。

04

所以到底做了什麼事？

把事實（fact）變成印象（impact）的說話習慣

「老師，我們這組明明做更多事，實際績效也比較好，為什麼公司卻比較認可其他組的表現？難道是我們的表達有問題嗎？」

那時是我在一間企業結束演講後，正準備要離開，有人向我提出的問題；可想而知，未能獲得認可的那份心會有多受傷。

只要是隸屬於公司組織的一天，我們就免不了要證明自己的存在價值，且一定要比別人評價高的宿命。因此，我們不得不汲汲營營於實際績效，要是沒有得到預期認可，還會備感挫折、無力。然而，我們真的有完整表達自己究竟做了

哪些有意義的事情嗎？會不會有很多時候是不想要顯得太張揚、太驕傲，特別提起反而會尷尬、害羞，而沒有特別說出來呢？實際採訪公司同仁會發現，他們的回答往往都有些枯燥乏味；比方說，如果問他們：「為了產出這樣的績效，想必您一定付出很多努力吧？」只會得到「不不，就只是認真去做而已。」這種謙虛的答覆。

因為在他們的認知裡，對自己所做的事情賦予價值和意義很像在邀功。然而，假如沒有針對過程好好說明，單純依照事實（fact）的資訊，是無從辨別實際績效究竟多有意義的，反而容易徒留遺憾。

我從近日閱讀的新聞當中，看到了一句話，「Fact 的市場價值是零」；換言之，「內容不能只是純粹的資訊排列，經由主觀觀點重新詮釋、加工過，有其分享價值的內容，才能成為付費購買的東西」。

我們的業績也不能被當成只是純粹的資訊來傳遞，一定要經過賦予意義、凸顯價值的過程，因為我們做的事情會依照賦予何種意義而產生價值差異。

那麼，究竟該怎麼做，才能使我們做的事情顯得更有意義呢？我將介紹以下幾種讓事實變成印象的方法給各位。

即使是同樣內容，也可以用不同方式表達

「接下來要報告的內容是主要業務績效。首先，我們來看損失率。」

這樣的開場白是不是很常見？一點都不新穎。明明應該先說明產出哪些「績效」，卻先談起「業務」，所以不會讓人產生期待。在報告這種主題時，一定要從一開始就讓人有「喔！看來今年有成果喔！」的感覺才行。

如果想要把訊息從「某種業務」轉換成「某種成果」，就需要加上含有 Action 意義的「動詞」，與其只使用「損失率」，可以多加一個能夠說明損失率有何變化的動名詞，光是多加一個單字，訊息就會變得更有競爭力。

> **Before** 首先，我們來看損害率。
>
> **After** 首先，我們來看改善損害率。

另外還有一種方法是將「名詞」加上修飾語，藉由修飾語來凸顯確切達到了哪些成果、想要強調的重點是什麼。

> **Before** 首先，我們來看施工項目。
>
> **After** 首先，我們來看零事故施工。

相較於只說「施工」，當你增添「零事故」這個修飾語

時，實際績效就會變得更為明確；在此，假如想要更進一步強調儘管時程緊湊，依然達成「零事故施工」的話，就可以用「限期內零事故施工」這樣的方式來表達。

Before 首先，我們來看零事故施工。
After 首先，我們來看限期內零事故施工。

假如「交期」與「零事故」是公司的核心價值，那麼，當你這樣表達時，成果就會變得更為亮眼。因此，為能將我們所做之事的意義及價值如實傳達，就必須加上主管想要聽到的具體訊息，同樣的業務內容也會呈現出截然不同的分量感。

把 fact 變成 impact 的說話習慣
說出相對優勢
....

賦予意義的最佳方法便是說出相對優勢。假如所屬公司推出的服務，會員人數已破十萬，那麼，你當然可以說「A服務會員人數已突破十萬」；然而，假如競爭公司是二十萬人的話呢？這就會變成不算多的人數。

因此，做比較很重要，讓對方直覺感受到十萬人究竟是多大的數目，對方才會有「哇！好驚人的成績！」這種印象。舉例來說，相較於競爭公司或社內既有的服務，在多短時間內達成了如此優秀成績，要用這種方式來做說明。

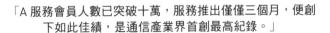

Fact	相對優勢
「A 服務會員人數已突破十萬」	「服務推出僅僅三個月，便創下如此佳績。」「是通信產業界首創最高紀錄。」

「A 服務會員人數已突破十萬，服務推出僅僅三個月，便創下如此佳績，是通信產業界首創最高紀錄。」

同樣地，如果用「相較於去年同期成長了 15％」的話，很可能會遭來「這樣到底算成長很多嗎？」的質疑，因為或許之前曾出現過 18％ 的成長也不一定，像這個時候如果用「推出這項服務以後，首次出現雙位數成長」這樣的方式來表達，便容易得到「哇」的讚嘆。因此，在展現數字或數值時，請務必要運用相對優勢。

在數值中加入相對優勢

- 去年出生率首次跌破 1％，今年第二季更是下跌至 0.83％，是自 2008 年統計調查以來最低數值。
- 去年的年營收為一千五百九十億韓元，淨利為七十一億韓元，由此可見，今年光是上半年就已經超過去年一整年業績的 70％。

把 fact 變成 impact 的說話習慣
具體說出你的祕訣

分享成果時，大家往往會對於分享「成功祕訣」感到不知所措，難以回答，只會謙虛地說著：「其實就跟平常沒兩樣，這次成果卻出乎意外地好」、「我相信這是任誰都會做的事情」，絕口不提為什麼會成功、做了哪些努力讓實際成效變好等具體內容。然而，各位試想看看，假如我們都沒有做任何業務調整或挑戰新事物，成效自然有所改善的話，就等於只是純粹走運而已。

因此，從今以後，不要再以「多虧團隊成員合作無間」、「衷於基本所產出的結果」這種教科書式回答來含糊帶過了。不妨試著具體說明一下，究竟是哪個環節為創下佳績帶來了實質上的幫助。假如是因為團隊成員合作無間，那麼就可以分享究竟是用何種方式讓大家凝聚力量；假如是因為衷於基本，那麼也可以分享過去是因為沒有衷於哪些基本，並於這次做了補強才會有所改善等。這些內容都可以進一步做具體說明。

> **Before** 衷於基本的結果，締造了這樣的佳績。
>
> **After** 我們這次有特別針對一些本該遵守卻於現場較容易疏忽的基本守則，也就是與安全有直接關聯的議題進行集中改善，所以才會締造出像這樣的佳績。

Before 因為和相關部門一直都有保持溝通，所以才有辦法達成。

After 每當遇到問題時，每一組的組長都會相約當面討論，絞盡腦汁商討解決對策。有別於過去執行時都是先開會討論，再製作成簡報呈報主管，等待主管做決策的方式，現在是由這些組長親自進行會議，並於會議中當場研擬出解決對策，所以事情的推動速度才會變快。

在你看來是任何人都會做、再理所當然不過的事情，也絕對有可能是達成實際成效的祕訣，其中一定有不為人知的付出與努力；所以千萬不要把自己所做之事當成理所當然，甚至認為不足掛齒，反而應該將你認為理所當然的事情攤在主管面前做詳細說明。因為說不定你以為主管早就知道、同事也應該都有在做的那些事，反而是你獨有的競爭力。

把 fact 變成 impact 的說話習慣

1 **儘管是同樣的內容，也要用不同方式表達**

   只要在事實（Fact）上加上動詞，意義就能更明確，加上修飾語，就會顯得更有價值。請使用動詞和修飾語，將我們所做之事變得更具存在感。

2 **用相對優越來表達**

   光靠數值是難以凸顯價值的，要展現相對優越才能夠讓人讚嘆連連。

3 **具體說出祕訣**

   別只會說「我們只是很努力」，要盡可能具體講述究竟做了哪些努力，聽者才會明白「喔～原來做了這麼多的努力」。

05

面對突如其來的提問，
腦袋會一片空白

培養臨場反應的說話習慣

　　主管總是會拋出一些始料未及的提問，就算自認做了萬全準備，也往往會被問得措手不及。在那當下，我們會因為感到錯愕而頓時語塞。這時，只要你吞吞吐吐，「呃……那個……」或「啊，請稍等一下……」展現出沒有把握的樣子，主管就會立刻露出充滿懷疑的眼神，使我們更加緊張。情急之下，原本知道的事情也會變得無法好好回答。

　　如果我們的報告是屬於前半場，那麼，主管的提問就是屬於後半場。報告不是只有把自己準備的內容說完就結束，儘管報告得再好，只要沒能把問題回答好，主管就會對你的簡報打問號；反之，只要能把主管突如其來的提問回答好，

主管就會對你留下「看來這位同仁做了滿多準備」的印象。

　　然而，面對突如其來的提問，找出最佳回答是相當困難的事情，我也總是在思考「該怎麼做才能發揮臨場反應，把主管的突發提問回答好？」看著那些不論主管問什麼問題都能從容不迫、有條有理說明清楚的職場前輩們，都會深感敬佩，想得知方法，也很好奇那種臨場反應是否與生俱來。

　　後來發現答案在於「準備」，最終還是要透過事先演練主管會對哪些部分感到好奇或有疑問，並做好相關功課才行，這樣才有辦法處變不驚，做出適當回應。因此，假如你也想要流暢地從容回應，就需要先預想好一些問題，並嘗試自問自答，把簡報內容準備得更有深度才行。

　　那麼，接下來就一同了解看看，該如何準備預設問題來面對那些突發情況吧。

培養臨場反應的說話習慣
挑剔自己的發言
....

　　請試著進行一場自我思辨，也就是把自己當成是世上最難應付的主管，批評挑剔自己準備的簡報，犀利地問自己，「你確定這樣是對的？」並且試著提出強而有力的回答來反駁這樣的質疑。光是像這樣進行預演排練，就能多少猜想到主管聽完自己的簡報後會提出哪些問題。透過這段演練過程

完成的想法，會成為應對突發提問的絕佳素材。

可以使用 5-depth 提問法，將預想問題羅列出來。比方說，假如今天是要進行一場「組織文化改善方案」好了。

5-depth 提問法範例

接下來，要向各位介紹組織文化改善方案。

1-depth　為什麼要改善組織文化？

→ 目前我們公司是「垂直型組織」，個人認為應轉型成「水平式組織」，讓核心幹部成員可以隨時參與意見討論。

2-depth　垂直型組織難道就不好嗎？

→ 垂直型組織難以使核心幹部成員產生共鳴，導致變化速度緩慢。

3-depth　核心幹部參與的話會有什麼不同？

→ 假如核心幹部能成為引領改變的主體，那麼，變化的腳步就會加快。

4-depth　所以要怎麼做？

→ 所以我們將進行「這樣的」活動。

5-depth　那對公司會有什麼好處？

→ 最終將達到「這樣的」結果。

然而，就算像這樣做足了徹底準備，有些問題依然來得措手不及，難以回答；這時，切記不能為了趕快脫身而含糊

帶過，或者說出不確定的內容，因為絕對不能讓主管受錯誤回覆影響，進而做出錯誤的決策判斷。像這種情形，你可以回答主管：「這部分將於會議結束後盡速確認」再將準確的資訊重新回報給主管。

培養臨場反應的說話習慣
蒐集主管容易問的問題

為能列出一份主管的預想問題，建議平時可以多蒐集一些資料，把平時向主管報告時經常會被質疑的問題彙整分析。雖然每一位主管在意的重點都不盡相同，但是只要仔細回想主管平時的提問，便能相對容易掌握主管在意那些部分，這麼做就能充分猜得到主管下次會問哪些問題。因此，不妨把主管在會議中提問過的問題紀錄下來，並於下次報告時運用。

過去簡報時，有被問過哪些問題？

- 這件事何時可以完成？
- 目前進行到哪裡？
- 相關部門都已經檢查過了嗎？

製作預想提問時，轉換角色也會有所幫助。比方說，試著想像一下，假設我把同樣的事情交給後輩處理，那麼我會

問對方哪些問題。當你從回答者的角色轉換成提問者時，就比較容易猜想到主管會問什麼問題。

培養臨場反應的說話習慣
假裝自己是主管的上司

主管通常是拿著各位製作的簡報資料向公司高層報告。此時，會讓主管感到焦慮不安的元素是什麼？亦即，公司高層會質疑主管哪些問題？因為那些問題就是主管會事先向你確認的問題。最終，主管之所以會問我們那些問題，都是為了以備不時之需，讓自己在向高層報告時能夠順利應答。

那麼，公司高層究竟會問哪些問題？其實高層比較會問一些根本性的問題，所以更使人錯愕不已。為了避免當下腦袋一片空白、頓時語塞，就需要事先想好推動此事的理由與名分。除此之外，站在公司立場，從宏觀的角度設想提問也會是不錯的方法。

公司高層會問我們主管什麼問題？

- 所以關鍵字是什麼？
- 為什麼要做這件事？（根本理由與背景）
- 其他公司是如何進行此事？

培養臨場反應的說話習慣

1. 挑剔自己的發言

對自己準備的簡報內容拋出五階段提問。這樣的方式可以訓練自己用多角度去看待自己準備的簡報資料。

2. 蒐集主管容易問的問題

平時就要練習蒐集主管經常會問的問題，以便掌握主管在業務方面較為重視哪些部分，以及用什麼樣的觀點看待業務內容。

3. 假裝自己是主管的上司

很多時候，我們準備的簡報會被主管當成向上報告的基本資料，因此，試著站在公司高層的立場，設想幾道會問主管的問題。

日常生活中培養邏輯力的方法

SPEECH HABIT

怎麼做才能在日常生活中培養邏輯力？我把平時自己為了培養邏輯力而經常使用的訓練方法公開給各位參考。

像我是盡可能運用報紙。不是純粹閱讀內容，而是去觀察並分析報紙會用哪些單字強調文章重點，用哪種排列組合方式呈現文章內容；像這樣仔細觀察報紙新聞，便可發現記者們都是用哪種邏輯架構來說服讀者。找出記者使用的邏輯框架，並將其套用在我們的資料或發言中，加以訓練，久而久之，我們也可以寫出邏輯完善的文字、把話說得條理分明。

（第一階段） 掌握新聞的邏輯架構

當我在閱讀一篇新聞稿時，最先觀察的是訊息的架構和排列，尤其是開頭第一句話，如何把主題重點凸顯出來，是我會格外留意的部分。接著會再觀察第二句話用何種邏輯

和技法去支持呼應第一句話。假如第二句話是用實際案例來展開這則新聞，接下來就自然會是透過這項實例陳述某種現象、傳遞某些重點、

　　上月舉行的世界經濟論壇（WEF）氛圍可說是暗鬱＆慎重。國際貨幣基金組織（IMF）總裁表示，近來全球經濟遭四大烏雲籠罩：貿易戰爭、金融緊縮、（英國脫歐）、中國經濟增長緩慢，甚至還背負著如何提升接近史上最低點的勞動生產低下問題、如何將尖端技術革新與數位經濟納入經濟價值的中長期課題。

　　比誰都還要明顯感受到這些變化的主體，無非是領導企業的經營者，在充滿不確定性的經營環境中，大家的煩惱不盡相同，卻也如出一轍；亦即，「世界快速變遷，我們的組織和工作模式卻一如既往，究竟該如何改變、改變什麼？」為此，將提供幾種革新方向給煩惱此問題的公司最高經營者。

透過經濟論壇拋出的話題
點出經營議題：
「充滿不確定性的經營環境」

「暗鬱＆慎重」

1. 貿易戰爭
2. 金融緊縮
3. 英國脫歐
4. 中國經濟增長緩慢
5. 勞動生產低下
6. 尖端技術革新與數位經濟

我國企業需要變化改革

在充滿不確定性的經營環境當中，為了存活必須革新！

新聞出處：經營典範之「創造性破壞」，《每日經濟新聞》，2019 年 2 月 15 日。

　　如何套用生活、對社會帶來何種變化等諸如此類的內容，當你掌握到文章呈現的流向，便可得知我們在展現「核心重點」時，該怎麼做才最有效。

（第二階段） 將報導內容摘要整理

　　假如已經透過新聞的架構與排列找出核心關鍵字，便可按照各個關鍵字進行新聞摘要整理。這麼做可以更有系統性地全面理解新聞內容，比純粹用眼睛閱讀時更容易抓到核心重點，且印象更為深刻。

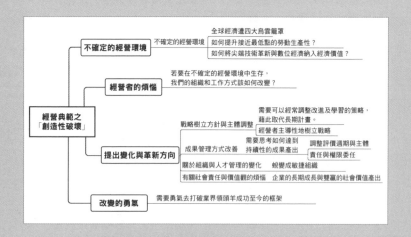

（第三階段） 彙整新聞內容，進行一分鐘簡報

　　假如已經充分掌握新聞內容，並完成摘要整理，那麼，請試著將這些內容縮短成一分鐘精華，練習用口頭表達。既然你已經知道新聞的核心重點、展開方式，就一定能摘取重點，簡明扼要、合乎邏輯地將這件事傳達給對方。

運用報紙新聞的範例

報紙新聞

《每日經濟》
【每經之窗】「顧客」一詞的概念已徹底改變

新聞日期：二○二○年一月十日　○○：○八

如今，「顧客」的定義早已不同於以往。過去顧客一直是企業需要提供最佳產品與服務的對象，著重在差別化經驗的「東西（What）」；然而，如今顧客已不再只要求「東西」，還要求「如何（How）」與「為何（Why）」，看重企業如何生產產品及服務、是否有承擔社會及環境上的責任、目的意識為何等等，並藉由消費來做出直接反應。欠缺這些思考與努力的企業，則容易被民眾認定為只追求利益極大化的存在。

像這樣的改變其實是由占據全球消費者 64 % 的千禧世代（一九八○～一九九九年生）及 Z 世代（一九九五年後出生）主導，他們是屬於重視社會環境議題與企業責任的行動主義（activist）消費者。Z 世代每十人當中就有九人認為企業具有解決社會問題的責任，52% 的千禧世代則會在購買產品和服務前事先做好背景資料調查。

過去的顧客重視產品要夠好
MZ 世代則要求「如何」和「為何」更重視企業的社會責任

EGS 活動可增加價值與利益

為此，企業以環境保護、社會責任、公司治理（ESG）活動擴充作為因應對策。其實人們對於 ESG 永續投資抱有一些偏見，認為會對企業的價值產出或獲利帶來負面影響，然而，根據近期進行的兩千間以上企業分析結果顯示，重視 ESG 的企業當中有 63% 出現股東權益報酬率上升，相較於二○○四年，全球針對可持續進行事業的投資也增加了十倍，到達三十兆以上。

企業透過 ESG 不僅能滿足顧客想知道「如何」與「為何」的需求，還能得到營收成長、費用減少、規則及法律問題和勞動生產力提升、投資最佳化的效果，比方說，ESG 高評價可以提升企業信賴度，在開拓新市場與擴張既有市場上也會相對容易。像跨國消費品公司聯合利華就有開發出日光（Sunlight）省水洗碗精，在缺水國家相較於其他品項快速成長了 20%；七十年前以煉油企業起家的芬蘭雀巢（Neste）公司，則投入目前營收的三分之二以上於新再生燃料及生產可持續的商品；美國服裝品牌 Reformation 甚至為其每一件單品加上 RefScale 指標，計算對環境的影響並公開讓消費者知道。

除此之外，ESG 可改善資源效率性，亦可減少原物料、水、碳費用等營運成本。美國製造公司 3M 於一九七五年推出「汙染防治有回報計畫 3Ps」以後，至今透過製造方式有效化、機械再設計、廢棄物回收再利用等，省下共二十二億美元。全球最大快遞公司聯邦快遞（Fedex）則是將旗下三萬五千輛卡車全面更換成電動或油電混合車，至今為止，已更換完 20% 左右的卡車，也省下了一億八千九百萬公升以上的燃料。

推動 ESG 課題時有幾點需要格外留意。第一，選擇與專注，不要同時推動五種以上課題，會比較有效；第二，光靠正當性是缺乏說服力的，假如有足以展現如何透過 ESG 產出實際價值的客觀數值或指標，會更為有效；第三，對 ESG 的漠視會為公司帶來風險，過去數年間，不乏有企業因 ESG 相關事件而導致股價重挫兩位數。最後，一旦下定決心，就要堅守立場到最後，美國零售公司迪克體育用品（Dick's Sporting Goods）宣布不再販售槍支以後，年營收直接下滑百分之二（一千五百萬美元）左右，但是約莫一年後，股價反而上升了百分之十四。

充滿極度不確定性的新年來臨，永恆不變的定律是「顧客至上」，且消費者才是變化的核心；然而，這些人已經成為行動主義者，需要企業告訴他們「如何」以及「為何」，因此，身為經營者究竟該怎麼做？線索其實就隱藏在組織內部的年輕夥伴與新進人員身上，他們比誰都還要清楚知道，千禧世代與 Z 世代對企業的期待是什麼。

詳細新聞請掃描右方 QR Code。

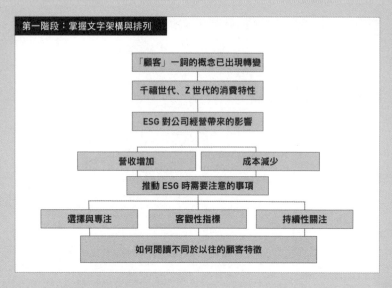

第一階段：掌握文字架構與排列

「顧客」一詞的概念已出現轉變

千禧世代、Z 世代的消費特性

ESG 對公司經營帶來的影響

營收增加　　　　成本減少

推動 ESG 時需要注意的事項

選擇與專注　　　客觀性指標　　　持續性關注

如何閱讀不同於以往的顧客特徵

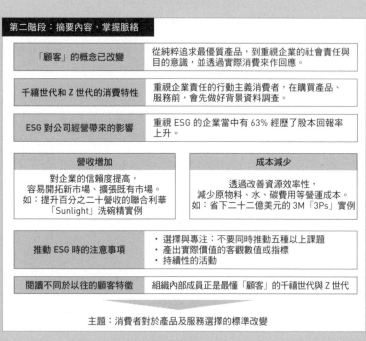

第二階段：摘要內容，掌握脈絡

「顧客」的概念已改變	從純粹追求最優質產品，到重視企業的社會責任與目的意識，並透過實際消費來作回應。
千禧世代和 Z 世代的消費特性	重視企業責任的行動主義消費者，在購買產品、服務前，會先做好背景資料調查。
ESG 對公司經營帶來的影響	重視 ESG 的企業當中有 63% 經歷了股本回報率上升。

營收增加

對企業的信賴度提高，
容易開拓新市場、擴張既有市場。
如：提升百分之二十營收的聯合利華
「Sunlight」洗碗精實例

成本減少

透過改善資源效率性，
減少原物料、水、碳費用等營運成本。
如：省下二十二億美元的 3M「3Ps」實例

| 推動 ESG 時的注意事項 | ・選擇與專注：不要同時推動五種以上課題
・產出實際價值的客觀數值或指標
・持續性的活動 |
| 閱讀不同於以往的顧客特徵 | 組織內部成員正是最懂「顧客」的千禧世代與 Z 世代 |

主題：消費者對於產品及服務選擇的標準改變

近年來，消費者在選擇產品或服務時，其標準已出現改變。如果說以前的顧客是追求頂級、最優質的產品；那麼現在的顧客則是重視企業的社會責任與目的意識，甚至透過消費來反映。

而主導這項變化的人正是占全球消費者 64%的千禧世代與 Z 世代。這些人是重視社會、環境議題及企業責任的行動主義消費者。

為此，企業也紛紛擴充 ESG 活動，亦即，更加重視環境保護、社會責任、公司治理這三項指標，這樣的活動甚至已對企業營收造成直接影響；如果 ESG 評價高，民眾對該企業的信賴度就會較高，企業要進軍新市場及拓展既有市場也會較為容易。實際上，聯合利華就是憑藉省水商品 —— Sunlight 洗碗精在缺水國家創下相較總品項業績提升 20%的紀錄。除此之外，也有效降低了成本，因為資源效率性被改善了，所以原物料、水、碳費用等營運成本就能減少。實際上，3M 就有透過汙染防治有回報計畫「3Ps」足足省下二十二億美元。

然而，進行 ESG 時也有幾點需要注意。透過選擇與專注，最好不要同時推動五種以上的活動。除此之外，一定要有產出實際價值的客觀數值或指標來樹立名分，最後，活動不能只有一時，要透過持續性的活動展現企業誠意。

　　假如想要從日常生活中訓練自己把話說得有邏輯，不妨試著分析報紙上的新聞內容，整理出關鍵字，並且練習看著那些關鍵字說出一分鐘的重點摘錄。當你逐漸熟悉這樣的過程以後，不僅可以在日常生活中把話說得簡明扼要，還能培養出只看關鍵字就能滔滔不絕、表達流暢的能力。

影片請掃描右方 QR Code。

Chapter 3

只要能掌握
眼下情況，工作自然
有 Sense

01

報告也需要 TPO

找出絕佳時機點的說話習慣

近來，許多企業開始追求較為柔和的組織文化，因此投入「自律服裝」的機制，有些公司甚至不僅容許商務休閒穿搭，還徹底執行「完全自律化」。然而，新制上路總是會引發各界「議論」，自律服裝這件事同樣也在如何界定上出現意見分歧。

因此，公司表示：員工可以穿著舒適，但仍需將 TPO 考量進去。TPO 是取時間 Time、場所 Place、情況 Occasion 三個單字的字首排列而成的縮寫；簡言之，就是要員工自行視情況穿著的意思。

然而，在公司裡要配合 TPO 執行的事情不僅有穿著，

與主管「說話」也可套用 TPO，就如同不論公司再怎麼推動自律服裝，也必須視情況穿著合適服裝一樣，在公司裡自然是不能想說什麼就說什麼，要視當下情況而發言。

為能說出符合當下情況的適當言語，得要先掌握主管目前身處何種情況，這時就可以試著運用 TPO 來確認；換言之，就是確認主管的時間是否充裕、在哪個場所開口會較為有效、主管的心情或情緒等是否適合聆聽我的報告。

- T（Time）　主管是否有充裕的時間可以聽我說話？
- P（Place）　在哪個場所（規模）向主管開口會比較有效？
- O（Occasion）　現在的情況適不適合向主管報告？

像這樣透過 TPO 找到報告的最佳時機，我們的訊息才能更有效傳遞出去。接下來，就來看看 TPO 可以如何運用在我們的工作內容當中。

找出絕佳時機點的說話習慣
體恤主管的寶貴時間

為了找出最適合報告的時機點，你需要考量的第一個要素便是時間（Time）。在此，除了指物理時間外，還包含心理上是否有餘力去聆聽我們說話，要是在時間上、心理上都

有餘裕，才能夠專注聆聽我們的發言。

平時，我們對主管的「時間」並無太大關注，主管目前是否正在趕東西、是否需要盡快回報高層、是否已經快要接近下班時間等，都不太會去注意這些問題；我們的腦海裡只有充斥著自己要說的內容，導致經常不懂得體恤主管的時間，一股腦地走到主管面前，把準備好的資料全盤托出。那麼這時，主管不僅無法專心聆聽，甚至還很可能被你惹怒，皺起眉頭心想：「你有一定要在這個節骨眼跑來找我說這些嗎？」

因此，假如我們想要把訊息妥善傳遞給繁忙的主管，就需要先體恤主管的寶貴時間。平時多留意一下主管的一舉一動，便能捕捉到對方可以用最輕鬆的心情聆聽你報告的時機點，或者事先預約主管的時間也是不錯的方法，「組長，我今天有事要向您報告，可否給我一點時間？您大約幾點比較方便？」像這樣主動詢問主管的時間。

找出絕佳時機點的說話習慣
選定適當的場所

當你有事需要說服主管時，選擇「場所」（Place）也是非常重要的一環。我們要根據自己的報告內容，去思考該在組內會議等公開場合提及，還是在小型會議室裡與主管兩人

單獨開會討論；換言之，就是要根據內容來選擇合適的場所。

那麼，到底哪一種內容適合在哪一種場所開口呢？比方說，「正面議題」就很適合在眾人面前公開發表；不論是創下佳績或者事情推動得很順利等，諸如此類的好消息，都很適合在公開場合上與人分享，是屬於讓愈多人知道愈好的喜事。

然而，假如是需要反駁主管意見的情況，又該選擇何種場所呢？如果是在公開會議上反駁主管意見，主管一定會認為你是在公然挑戰他的權力，所以最好找一間小型會議室，和主管兩人單獨商談。另外，主管在公開場合上難以立即答應或支持的提案、需要主管評估做決策等，這些事情也最好另外找主管私下討論會比較有效。

有時可以視情況趁中午用餐時段、喝咖啡、移動途中和主管商量，不一定要侷限在會議室裡，因為這時反而可以用相對輕鬆的心情閒聊各種話題，也可以分享彼此對於之後要報告的內容有何看法或意見。

因此，在向主管進行報告前，最好先思考，哪個場所比較能把我們的訊息最有效地傳遞給主管。

掌握主管的情緒

為了讓報告順利進行，我們也需要觀察主管當下處於何種情形（Occasion）。比方說，假如主管才剛被高層訓話回來，就是最糟的報告時機點。這時，不管你要報告的內容是什麼，都要先暫緩才行。

假如你連讓主管平復心情的時間都不留給他，就一昧地因為自己情況緊急而衝去找主管報告的話，非常有可能會掃到颱風尾，要接收主管尚未消化完全的所有負面情緒。為了預防發生這樣的情形，報告前一定要先好好地察言觀色。

事實上，主管的心情狀態對於做決策有相當程度的影響，即便你對他說的都是同樣內容，還是會根據主管當下狀態而留下截然不同的印象。主管心情好時，會記住你說的正面單字；心情不好時，則會專挑那些負面單字記住。因此，就算是費盡心思準備的簡報，只要選在主管心情不好時報告，主管的腦海中就不會對這件事情留下多好的印象。

如果希望主管可以專心聆聽我們的報告，就要先留意主管當下的情況及心情。假如你能夠站在主管的立場，尋找不妨礙傳遞訊息的最佳報告時機點，那麼，你苦心準備的訊息才能夠被妥善傳達。

找出絕佳時機點的說話習慣

1. **體恤主管的時間**

   與其只想著自己要說什麼，不如先觀察主管在何時最有時間上和心理上的餘裕，並找出最佳報告時機點。

2. **選擇合適的場所**

   就算是同樣的內容，也會依照情況、場合帶給主管截然不同的感覺。請仔細思考自己準備的訊息適合在哪個場所傳遞，才能最有效傳達。

3. **掌握主管的情緒**

   切記主管也是會被心情左右的人，報告前一定要先察言觀色，清楚知道主管的心情才行，這樣才比較有機會完成一項成功的報告。

02

· ·

這並非主管的指示？

了解主管重視之事的說話習慣

　　在職場上工作，了解主管重視之事是絕對有必要的，因為當你知道工作的目的是什麼、具體需要什麼以後，工作方向就會變得更為明確，不再浪費時間，工作得更有效率。然而，了解主管重視什麼並不容易，假如我們詢問主管：「為什麼要做這件事？」相信絕對會得到「叫你做就做！我難道還要說服你為什麼要做這件事嗎？」這樣的回答。

　　迄今為止，在我們的組織文化裡，「為什麼要做這件事？」依然是難以啟齒的問題，因為很容易被主管誤解成是在「頂嘴」。因此，即便主管下達了模稜兩可的指示，我們也不敢輕易「發問」，生怕問了只會得到「叫你做就

去做！」或者「難道連這種小事都不能自己處理？」等指責，或者在主管心中留下傲慢無禮、無能的印象，所以乾脆選擇閉口不問。

最終，了解主管重視之事就成了「察言觀色」的範疇。然後，像這樣連交辦事項的目的是什麼都不曉得，單靠自行推測揣摩主管的心思所做出來的成品，自然只會得到「我又沒叫你做這個！」的主管回覆，且難逃多次來回修正的命運，電腦裡也會出現版本一、版本二、最終版、最終確定版等各種名稱的檔案，實在是很沒效率。假如一開始主管就下達明確指示，就不需要這樣來回浪費時間和力氣了。

在此，我們忽略了一項重點：其實主管自己也不曉得如何明確下達指示。有時甚至就連主管自己也不知道具體要下達什麼指示，因此，千萬不要期待主管會給你明確答案，或者把主管想得太厲害，這些都對解決問題毫無幫助。

那麼，該怎麼做才能將主管的模糊想法具體化，一同擬定方向呢？

了解主管重視之事的說話習慣
重複說一遍並反問

當你接到主管的任務指派時，最好一定要重新確認自己的認知是否正確。這時，最好的方法就是重複主管說過的

話，再說一遍並反問。比方說，假如主管叫你整理競爭公司的最新動向，那麼，你就可以用「好的，所以您需要一份競爭公司的最新動向報告，是嗎？」來重複說一次主管說過的話，並將其改成疑問句。那麼，主管就有可能回答：「對，尤其是 A 公司和 B 公司的最新動向。」像這樣額外提示重點。這時，你就可以接著回應主管：「好，那我會把重點放在 A 公司和 B 公司的最新動向，整理一份資料給您。」把主管的指示更具體化複誦一遍。

在此，你也可以更進一步把自己的觀點加進複誦的內容裡。比方說，主管請你了解一下競爭公司的動向；那麼，你就可以試著反問主管：「請問是要了解這些競爭公司的第一季動向嗎？」像這樣主動提出更具體的內容，把範圍縮小，那麼主管很可能就會回答：「只有第一季太短，我要看它們上半年的整體動向。」做出更明確的指示。

像這樣複誦主管的話並反問，其實是幫助主管更具體、深入思考的過程，因為其實主管在指派任務時，往往也不是早已想好明確計畫才下達指令，而是看著事情的推展過程慢慢思考如何改善。因此，如果可以從一開始就先和主管商量好任務方向，就能減少做白工的機會。

將同事的報告做基準化分析

　　藉由觀察其他同事的報告，來了解主管看重哪些部分，也是有效的方法之一。將同事的報告做基準化分析，可以快速掌握主管指示工作的目的與組織追求的方向。

　　這時，重要的是分析同事做的報告優缺點，並找出進一步改善方案。假如同事在簡報時，主管表示：「這種內容很不錯！」的話，就可以試著分析主管認為不錯的點是什麼；反之，假設主管聽完簡報後的反應是「都已經到了這個節骨眼，還好意思做這種簡報？」那麼，最好要仔細探究一下究竟是什麼問題，在這樣的情形下，主管要的究竟是什麼。假如可以像這樣去剖析主管當前最重視什麼事情，嘗試了解主管是站在什麼樣的角度看事情的話，找出主管重視的事情便不再困難。

　　倘若沒有這樣的基準化分析過程，就很容易重蹈覆轍同事的失誤，或者不了解主管真正在乎的點，那麼，自然容易得到主管「同樣的話到底要我說幾次！」或「啊，真的是對團隊毫無幫助」等指責，甚至被認定為白目的人。

　　因此，當同事在簡報時，千萬要留意主管的回覆及反應，並將其仔細分析，明確掌握主管重視之事以後，再試著安排攻略主管的策略。有時，在職場上，懂得察言觀色比邏

輯思維還要重要。

了解主管重視之事的說話習慣
過程中按時回報進度
....

過程中，將我們所做之事的進度狀況分享給主管知道也是不錯的方法之一，因為這樣做可以事先讓主管確認事情的進展方向是否正確。然而，大部分人對於事情進行到一半就向主管報告感到抗拒，因為會擔心事情尚未完成就先說出來，容易遭主管臨時更改方向，或者額外添加更多事情在自己頭上，因此，很多時候都是把進度隱藏得很好，直到最終報告時才一次公開。

然而，問題在於這樣執行出來的結果萬一方向全錯，要重新翻盤可不是一件容易的事。如果只是進行到初期，還比較容易調整、修正。因此，在事情進行的過程中就與主管保持溝通，把自己正在做的事情進度分享給主管知道，確認是否與主管所想的方向一致，是必要之事。

這麼做還有另一個好處，可以讓主管對我們進行的事情保持關注。其實主管要精準記住和我們所有人的對話是不可能的事情，因此，自己下達的指示或回覆也自然會隨時間流逝而記憶模糊；明明是按照主管的吩咐去做，最後卻遭受指責的情況也層出不窮，或者過程中主管突然改變心意，叫

你把正在進行的事情往徹底不同的方向做調整更改也是常有之事。

　　因此，我們要趁主管全然忘記與我們的對話之前，把進行事項與進度定期向主管報告，幫助他們重燃記憶才行。這也是讓主管掌握目前最新進度、留下明確印象的好方法。

了解主管重視之事的說話習慣

1. 重複說一遍並反問

將主管說過的話複誦一遍，並轉換成疑問句，這樣可以使主管重新聆聽自己下達的指示，且有機會將其變得成為具體。

2. 將同事的報告做基準化分析

當同事在進行報告時，試著觀察主管會挑剔或讚許哪些部分，找出主管重視的問題，並將其反應在自己的報告當中。

3. 過程中按時回報進度

盡可能和主管保持對話，確認事情的進展方向是否正確，最終報告才不容易出差錯。因此，在執行主管交辦事項的過程中，要記得按時回報進度。

03

聽不懂你在說什麼

簡明扼要的說話習慣

「不論多麼認真解釋，主管依然表示聽不懂我在說什麼。」

向主管報告完回來的職場後輩長嘆了一口氣，對我說道。他需要在現有的業務上導入新系統，主管卻不能認同這項系統所扮演的角色，甚至認為沒有必要。他雖然用盡各種方法嘗試說服，最終仍慘遭主管無情拒絕，導入新系統一事也就此石沉大海。覺得實在太鬱悶的後輩最終脫口而出了這句話。

「他身為組長，怎麼能聽不懂如此簡單的事情？不是應該比我們更懂才對嗎？」

不是的，主管也會有不懂的事情。通常大家都會認為主管應該要非常清楚組內所有業務，其實不然。細部業務往往是真正在負責做事的人最了解，我們一直誤會了這件事。

主管其實不如各項業務的負責人來得更為專業，也缺乏時間，所以為了掌握業務進度，才需要不斷地聽我們報告；而為了讓主管馬上掌握重點，簡明扼要地擷取重點長話短說，是身為報告者本該具備的能力。

然而，我們往往不會去猜想主管可能聽不懂我們的說明，所以也不會去確認主管是否有聽懂我們的發言，就一昧地把我們的想法全部倒給主管；主管則是在根本還沒掌握報告內容與意圖的情況下，結束這場會議。那麼，這就不是主管聽不懂的問題，而是我們的說明方式有問題。

假如想要讓主管聽懂我們的報告，就要用更簡單、精準的話來做說明。

簡明扼要的說話習慣
和主管的經驗作連結

若想讓主管更容易理解我們傳遞的訊息，不妨套用主管過去的經驗來做說明。人們通常對自己經歷過的事情比較容易產生共鳴，所以讓主管想起過去類似經驗，對於理解的速度和深度都會很有幫助，而這也是為什麼都說「經驗是最佳

說服工具」的理由所在。

　　舉例來說，假如要向財務組出身的主管說明導入 IT 系統的必要性，那麼，不論解釋得多麼詳盡，也難以讓主管馬上理解那些技術內容。這時，就可以從主管過去經手過的業務，找出和目前情形最有關聯的事項，去讓主管做聯想；假如可以連結到主管熟悉的領域來進行說明，會更有助於加速理解。

　　組員　組長，您以前負責過 ERP 系統對吧？

　　組長　對啊。

　　組員　使用 ERP 系統有比較好嗎？

　　組長　當然！因為可以一目瞭然看清公司所有資產⋯⋯

　　組員　沒錯，所以我們向您提議的這項系統，其實本質上也和 ERP 系統相同，可以一目瞭然看清公司設備安全與否，並自動管理。

　　除此之外，和主管平時關注或熟悉的內容作連結也會很有幫助。試想，假設要用網路直播的方式進行公司員工招募說明會好了，主管很可能會問你，這和事先預錄好影片再上傳到官網上有何不同。這時，假如我們是以「其實就和 YouTube 的網路直播一樣」來做說明回應的話，可能只會讓主管更加困惑。像這種時候，就要以「組長，您有看過《My Little Television》嗎？白種元老師不是會在節目裡一邊做菜一

邊念觀眾的留言嗎？」來引導對話。運用主管熟悉的事情做說明，對方的腦海就能頓時浮現具體畫面。

簡明扼要的說話習慣
把專業術語轉換成日常用語
....

「接下來，將進行官網 SEO 作業。」

「第一季 ARPU 相較於去年同期上升了六個百分點。」

各位是否有聽過 SEO、ARPU 這些專業術語？對於負責相關業務的人來說，是再熟悉不過的語言；但是對於某些人來說，很可能是極其陌生的外星文。假如主管剛好對該領域沒有實務經驗的話，就會很難了解該項業務負責人說這些話的意思。像這種情形，身為報告者就要把專業術語轉換成日常用語。

Before 接下來，將進行官網 SEO 作業。

After 接下來，將進行讓網路平台更容易搜尋到我們官網的工作。

Before 第一季 ARPU 相較於去年同期上升了六個百分點。

After 第一季每戶平均收入相較於去年同期上升了六個百分點。

像這樣，即使是平時在辦公室裡理所當然使用的專業術語，也要視主管熟知與否，用更為簡單易懂的方式表達，主管才能更有效且精準理解我們的發言。因此，就算是認為主管理應當明白的內容，也請使用相對容易理解的方式來做說明；因為要先在能夠充分理解的前提下，才比較能讓主管敞開心扉，也比較容易得到主管的正面回應。

簡明扼要的說話習慣
使用明瞭的單字

　　首位榮獲諾貝爾經濟學獎的心理學家丹尼爾・康納曼（Daniel Kahneman）說過：「假如想要被當成是值得信賴且知性的人對待，就請使用簡潔明瞭的單字來代替複雜模糊的單字。」因為簡潔的單字可以使人快速理解內容，明瞭的單字則可以使溝通順暢沒有誤會。然而，有時不免會發生為了簡潔而犧牲掉明瞭的情形，例如：

金代理　請 ASAP 弄出 draft。

崔代理　好的，將於 EOB 前 mail 給您。

　　ASAP、draft、EOB，這些單字都十分簡潔，卻一點也不明瞭。ASAP 是 As Soon As Possible「盡快」的意思；但這對於每個人來說標準都不盡相同，有些人可能是指一小時內，

有些人則認為只要在今天內交出即可。draft 是指「草案」
的意思，然而，究竟要做到什麼程度才會被視為是草案呢？
End of Business 的縮寫 EOB 同樣也是意義不明，究竟是指公
司制定的下班時間，還是指個人完成工作時的下班時間，難
以判斷。這些用語是會根據公司與個人，而有不同標準的模
糊用語。

因此，如果想要降低因為解讀差異而造成的溝通誤會，
就要將那些模糊單字盡可能具體明確表達才行。

金代理 請於這週五晚上六點前提供第一版草案。

崔代理 好的，將於週五晚上六點前 mail 給您。

據說，像這樣能夠使人聯想到具體情況的單字，可以使
大腦活躍，刺激聆聽者的動機與情感；也有研究結果顯示，
使用可以在腦海中明確想出形態的單字時，大腦會更快做出
反應。

因此，如果想要讓主管充分理解你說的內容，就要盡
可能使用直覺式、具體化的單字，來代替抽象模糊的表達
方式。

簡明扼要的說話習慣

1. 和主管的經驗作連結

人們會對自己經歷過的事情更容易帶入情感，也較容易理解，所以事先掌握主管過去有哪些經驗、對哪些領域有興趣或具備相關知識，並與我們要傳遞的訊息做連結。

2. 把專業術語轉換成日常用語

當我們想要理解艱澀難懂的內容時，容易有壓力，而且比起理解，更容易產生懷疑；因此，如果想要引導出主管的正面決策，就請盡可能使用淺顯易懂的用語。

3. 使用明瞭的單字

模糊不清的溝通容易招來與我們意圖截然不同的結果。為了將我們腦海裡的想法精準傳達，要盡可能使用直覺式、具體化的單字。

04

為什麼要突然說那些？

吸引主管耳朵的說話習慣

> **組員**　「組長，崔科長說無法傳給我們。」
>
> **組長**　「嗯？這是在說什麼？」

你是不是也有遇過，省去前後文，自顧自說話那種人呢？假如各位是上述對話裡的組長，會有什麼想法呢？「這人是在說哪個組的崔科長？」、「領不到什麼東西？」、「為什麼要現在對我說這件事？」職場後輩突然拋出的這句話，應該會讓組長聽得滿頭問號。那麼，這句話可以改成用什麼方式來說呢？

「組長，上次向 A 公司申請的○○資料，您還有印象嗎？剛才 A 公司崔美英科長打來，說他們內部商討後認為有

資安疑慮，不便把資料傳給我們。」

像這樣把來龍去脈交代清楚，自然容易使人理解，也容易讓人專注聆聽。我會將這種分階段性提高注意力及專注度的方式，稱之為「說話的次序」（Sequence）。

所謂 Sequence，是彼此連貫的小事件接連發生，進而形成的一件敘事，亦即，有起承轉合的故事。tvN 電視臺節目《懂也沒用的神秘雜學詞典 2》（알아두면쓸데없는신비한잡학사전，簡稱：《懂沒神雜 2》）裡，柳賢俊教授曾說：「經過小白山脈的茂密森林小徑，爬上陡峭高聳的一百零八階，最終才會看見浮石寺無量壽殿（譯註：高麗時代的寺廟，是韓國的一級文化遺產，第十八個國家重點保護文物），這樣的敘事正是有經過建構的次序。」不是讓無量壽殿沒頭沒腦地突然出現在我們眼前，而是先走過小白山脈的森林小徑，再爬上層層階梯，讓人滿心期待以後，最後才將將！出現在眾人面前，所以才會令人印象深刻。像這樣讓核心重點更加凸顯的展開方式，正是「次序」。

我們的說話內容也是同樣的道理。假如想要凸顯重點，就需要有策略性地使用這種次序。

接下來，就來一同了解看看，如何把次序融入進我們的發言裡，讓主管帶著好奇專注聆聽。

從一開始就讓主管想要聽下去

主管不會從一開始就專注我們的發言，所以如果要讓主管對我們的內容感到好奇、用心傾聽，就需要下足功夫。這時，我們往往會聽到許多建議是「先說結論」。但其實在開場內容中，比起資訊傳遞，更重要的是能夠引人注意；換言之，就是要使用引誘策略，讓主管可以對我們接下來的發言感興趣。此時，我會建議運用「情況－問題－解決」的順序展開，因為這麼做可以讓內容有次序上的編排，較容易引人專注。接下來，就讓我們進一步深入探究方法吧！

首先，「情況」是指告訴主管我們現在為什麼要談這項主題，解釋推動此項計畫的背景或宗旨。這部分主要是在吸引對方繼續聽下去、讓對方知道接下來的內容有多重要，不容錯過。要先在這個部分勾起主管的興趣，主管才會產生「說來聽聽」的想法。

再來，「問題」是指明確指出我們眼前的障礙物是什麼，也就是告訴主管，我們現在要推動的事情是因為什麼問題導致困難重重，藉此再度引發主管好奇，使其產生「所以我們現在要做什麼？」的疑問。

像這樣透過狀況和問題來誘發關注、累積期待以後，再將我們真正要傳遞的核心重點「所以我們要這樣做！」放在

最後，也就是「解決」。這樣的鋪陳方式可以使人留下深刻
印象。

情況　有事要做。
問題　障礙物是什麼？
解決　打算怎麼做？

情況－問題－解決

情況　A 社經營的網拍營收持續增加，根據分析結果顯示：
數位行銷在拉攏忠實顧客方面扮演了主要角色。
問題　我們公司比 A 社的數位行銷薄弱，尤其社群網站追
蹤人數只有 A 社的 70%。
解決　透過與 B 廣告活動公司簽約，強化數位行銷的力道，
藉此拉攏更多忠實顧客。

像這樣依照「狀況－問題－解決」順序傳遞訊息，不僅
可以吸引主管關注，還有助於主管正確掌握目前情況。當主
管知道自己「為什麼要聽你說這件事」之後，便自然會專注
聆聽，因此，在單刀直入說出自己的重點之前，不妨先引誘
對方注意，把情況交代清楚，使對方想要繼續聽下去。

依照主管是誰來調整說話次序

面對不喜歡單刀直入的主管，「情況－問題－解決」這樣的順序會很有效。但是我相信一定也有主管是不喜歡這種方式，甚至會愈聽愈心煩，直接跟你說：「好了，所以你的重點是什麼？先說重點！」畢竟每個人偏好的說話方式都不盡相同。

尤其如果訊息的展開方式與自己的思考模式不一致時，反而容易分心。因此，如果想要讓主管從頭到尾都能專心聆聽我們的發言，就必須懂得按照不同主管，編排不同的說話次序，因為最貼近主管思考模式的內容編排法，最能夠使對方專注。

不過，在這前提是，你需要先了解轉換「情況－問題－解決」的順序時，整體氛圍會如何做改變，再按照當下情況游刃有餘地改變說話順序。

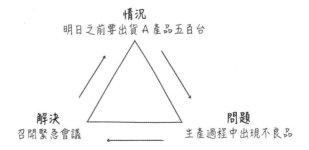

先說情況

情況　明日之前要出貨 A 產品五百台。

問題　但是在生產過程中出現了不良品。

解決　將召開緊急會議。

先說解決

解決　將召開緊急會議。

狀況　因為明日之前要出貨 A 產品五百台，

問題　但是在生產過程中出現了不良品。

先說問題

問題　A 產品在生產過程中出現不良品。

情況　但是在明日之前就要出貨五百台，

解決　將召開緊急會議。

　　誠如上述示範，明明是相同內容，也會依照順序調整而產生說話口吻上的不同；因此，記得要先掌握主管偏好，再來決定要先講述情況、問題，還是解決。

把資訊安排得緊密相連

　　假如別人在發言時，我們正聽得起勁，突然想到一個疑問，卻遲遲聽不到答案或解說，是不是會很納悶呢？不僅會頓時失去注意力，還會不太記得對方說了哪些內容。因此，如果想要讓主管帶著期待感與好奇心持續聆聽我們發言，就必須把訊息安排得緊密相連，隨時排解聆聽者的疑難雜症，使其全神貫注才行。

　　比方說，假設是這樣向主管報告好了。

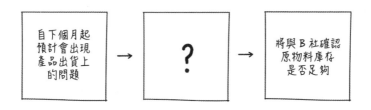

　　聽聞此事的主管，應該會對於為什麼出現出貨問題，以及為什麼要向 B 社確認庫存是否足夠感到不知所云。因為沒有足夠的資訊足以讓主管理解兩者之間的關聯性，所以更別說要理解整起事件的來龍去脈，自然是難上加難。如此一來，主管就需要花費更多心力去先釐清狀況，也會因為連帶伴隨的壓力和不悅感，導致溝通無法順暢。

　　像這時候，就需要提供充分的資訊來將邏輯上的漏洞仔

細填滿。各位不妨先將自己要傳遞的訊息以故事板（分鏡）的型式一一展開，再仔細確認訊息之間是否相連。假如個別資訊之間沒有看見連貫性的話，就表示沒有提供充分的訊息。這時，就需要放入額外的訊息來填補這之間的漏洞使邏輯順暢，進而讓訊息妥善傳達，主管便不再有理由心生狐疑或納悶。

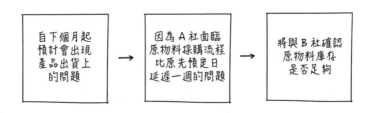

由此可見，如果想要吸引主管專注聆聽我們的報告內容，就需要先仔細確認是否有資訊遺漏，再貼心地將每個部分的資訊相連，以確保整體脈絡可以完整呈現。這樣才能如我們所願，讓主管對我們要傳遞的內容從頭到尾保持關注。

吸引主管聆聽的說話習慣

1. 從一開始就讓主管想要聽下去

   假如想讓主管抱著好奇心傾聽我們的發言，最好使用「情況－問題－解決」的展開模式來述說，因為這樣的方式可以讓內容有次序上的編排，較容易引人專注。

2. 依照主管是誰來調整說話次序

   每個人都有其偏好的說話模式，因此，若要讓主管專注聆聽到最後，就必須按照主管的偏好編排出不同的訊息展開方式。請試著依照情況自由變換說話順序。

3. 把資訊安排得緊密相連

   若想讓主管持續抱著期待感與好奇心聆聽我們說話，就必須將資訊安排得緊密相連，以確保對方可以全神貫注。唯有如此，才能如我們所願，自始至終都能吸引主管保持關注。

主管最討厭聽到的話

SPEECH HABIT

　　要是真能在職場上對主管說話毫無顧忌，我們的內心就會比較舒暢嗎？我猜也許在那當下會很暢快吧，也可能會有對抗權威的那種優越感；然而，聽聞我們說那些話的主管又會是什麼心情呢？其實出乎意外地，有許多主管會因為職場後輩說的一句話而受傷。

　　我們的職責是說服主管使事情可以推動進行，所以其實沒必要和主管為敵。為了聰明達到我們的目的，偶爾把想說的話吞回肚子裡也未嘗不是個好方法。

　　有時在職場上，我們會看見主張自己是來公司工作，不是來搞政治的人；這種人可能平日在公司裡可以活得很做自己，但是在遇到需要主管同意的關鍵時刻，卻往往得不到任何支持，這種情況多不勝數，而且從那天起，才是苦日子的開始。

　　那麼，為了取得主管的協助與支持，同時又要保護好自己的內心情感，有哪些話是最好別說出口會比較好的呢？

「出事了！」

◇◇◇◇◇◇◇◇◇◇◇◇◇◇

這句話是會把小事放大的妖術，當我們說出這句話的瞬間，主管的眉頭就會緊蹙，然後語帶不耐地說：「嘖！你又有什麼事！」冷不防被主管這麼一凶的我們，自然又會嚇得畏畏縮縮。

因此，在焦急地向主管報告「出事了」之前，最好先自行判斷一下這項問題的嚴重程度。為此，你可以先試著問自己以下這幾個問題。

- 可否解決？
- 如何解決？
- 可否自行解決？
- 需要主管如何協助？
- 真的是十萬火急嗎？

回答完這些問題以後，假如是可以在自己分內解決的問題，就先行解決，再簡單向主管報告現況即可。然而，倘若是需要主管做決策或協助的問題，就先向主管說明該問題，並具體說出希望主管如何幫忙，以取代「出事了！」這句話。

切記，唯有在發生自己無法解決、需要主管協助、十萬火急的事情時，才可以使用「出事了！」這句話。

「沒辦法喔！」

◇◇◇◇◇◇◇◇◇◇◇◇◇◇◇◇◇

坦白說，我也說過這句話很多次，因為站在實際負責處理事情的下屬立場，有些事情是的確沒辦法的。但是每當我說出這句話時，組長一定會生氣地說：「妳怎麼滿腦子只想著偷懶！」當時我真是滿腹委屈，正因為一看就知道是不可能的事情，所以才會事先提醒主管，豈料會被想成是偷懶呢？

然而，如今回想，要是我當時再聰明一點，一定會先回答：「好，我馬上來著手進行！」因為主管也是人，後輩當著他的面說：「沒辦法喔！」一口回絕的話，自然是不給他臺階下。各位不妨試想一下，有哪個主管聽到「沒辦法」會回你：「是嗎？真的沒辦法嗎？」為了樹立自己的主管威嚴，自然更容易脫口而出尖銳難聽的言語。

那麼，到頭來是誰的損失呢？絕對是自己。所以就算是為了保護自己的精神健康也好，我會建議各位要用「好，我來試試看！」來取代「沒辦法喔！」等確認完那件事是否真的沒辦法以後，再告訴主管「沒辦法」也不遲。

「我是按照您的指示去做的！」

◇◇◇◇◇◇◇◇◇◇◇◇◇◇◇◇◇◇◇◇◇◇◇◇◇

在職場上，各位一定也有遇過，明明是按照主管指示去做，主管卻勃然大怒，「誰叫你把事情做成這樣的！」這種

弔詭的情形。此時，「我是按照您的指示去做的！」這句話往往話到嘴邊，只差一點就脫口而出。

當然，假如真把這句話說出來，一定會十分暢快。但是在那之後呢？說不定自此之後就會被主管認定為愛頂嘴的屬下。如果各位是該名主管，會想要和這種人共事嗎？在那當下雖然逞了一時口舌之快，但是等之後遇到需要主管同意的關鍵時刻，就很可能得不到主管的同意或支持。

像這種時候，可以用「我再確認一下」來取代「我是按照您的指示去做的」，先控制住主管的怒火，再來商討解決對策。如果面對主管的不合理回應可以不隨之起舞，冷靜沉著面對，就能夠給人更加堅定、值得信賴的印象。

「不是啦！才不是那樣！」

有時我們會看見有人滔滔不絕，自顧自地講個不停，然後遇到主管沒聽懂會面露不耐，甚至嘆息，還會不自覺脫口而出「唉……才不是那樣！」這種情形。然而，這種話光是從公司同輩或熟人口中聽見都會不悅了，就更別說是公司後輩，自然不會有好心情。

先不論工作能力好壞，這可是非常基本該注意的說話態度。我們的任務是盡快說服主管推動事情進行，所以自然要避免說這些容易惹怒主管的發言，反而容易帶來反效果。

當主管會錯意、沒聽懂我們的意思時，採取何種態度應對進退至關重要。你可以選擇以退為進，謙虛地表示：「啊，不好意思，是我沒說清楚。」然後再耐心地重說一次。切記，這並不是要你發自內心道歉，而是為了讓對話延續而使用的明智之舉！

影片請掃描右方 QR Code

Chapter **4**

把話說得肯定，
就會產生自信心

01

為什麼只要我說話，
就要質疑我？

展現肯定確信的說話習慣

　　會議中，各位是否遇過發表完個人意見以後，同事們紛紛表示：「呿～怎麼可能！」、「上次也有嘗試過，結果失敗了啊！」的情形？這時，我們往往會瞬間臉紅，尷尬得無地自容。然而，假如這些質疑我們的組員在聆聽其他人發表的意見時，反而不停在附和的話呢？想必一定會認為自己在組內是沒有發言餘地的人，內心很難受吧。

　　「為什麼組員對其他同事說的話都認同支持，卻只會針對我的發言提出質疑呢？難道是我說話有問題嗎？」

　　為了尋找這個問題的答案，需要先回想當初準備說出己見時，當下的那份心情，你是否有帶著一股強烈的確信說出

自己的看法？還是抱持著「反正說了也不會被採納」、「要是被認為是愚蠢的想法該怎麼辦？」這種心態，吞吞吐吐地發表自身看法呢？

　　我想一定是後者的可能性較高。因為假如你對自己的意見充滿確信，就應該在面對同事的質疑聲浪時提出強烈反駁或爭論，展現出自己的意見的確別具意義才對；但是正因為就連我們自己都沒有十足把握，才會馬上收起己見。

　　當發言者都不夠確信時，其他人很快就會察覺，因為當一個人對自己的發言沒把握時，會透過潛意識用各種方式展現；不論是眼神飄忽不定，還是出現一些散漫的手部動作等，那麼就很容易被其他人察覺，「這人對自己說的話不太有把握」。再者，就連自己都沒把握的意見，試問其他人又該如何採信？

　　假如想要讓別人認為你的發言值得專注聆聽，那就要先展現「確信」給對方看才行，也就是透過肢體語言。當我們擁有就連自己都能被強烈說服的確信時，眼神會十分堅定，舉手投足間也會充滿自信，乾脆俐落，使人不自覺想要專心傾聽。所以接下來，就讓我們來一同了解一下，有哪些方法可以使我們的發言看起來更加堅定。

展現確信的說話習慣
打開肩膀
....

　　今天的各位是以何種姿態面對主管呢？是不是把手肘撐在桌上，上半身向前傾，拱著背和主管交談呢？我其實有很多次都是用這種姿勢坐在會議室裡，畢竟是很舒服的姿勢；然而，某天我無意間發現，同坐在會議室裡與我面對而坐的兩名同事，因坐姿不同而給人截然不同的感覺，自此之後，我便經常注意自己的姿態。

　　當時坐在對面的一名同事是縮著身體，他旁邊的那位同事則是打開肩膀，從容端正地坐著；因此，說話時自然而然會朝向一旁那位坐姿端正的同事說話，總覺得這人的辦事能力會更好。從那位抬頭挺胸、打開肩膀的同事身上，可以感受到一股正能量和活力，給人熱情充沛的感覺；反之，另一名縮著身體說話的同事則給人凡事無力的感覺，和他開會的期間總覺得連我的氣也被吸走，整個人提不起勁。

　　因此，假如想要展現自己是充滿活力、自信的感覺，就需要做出那樣的姿態才行；抬頭挺胸的姿勢不僅可以使人覺得你自信十足，還能因身體姿勢而自然提升自信。

　　根據哈佛商學院艾美・柯蒂（Amy Cuddy）博士的研究顯示，人類光靠展開身體就能提升自信。因此，假如缺乏自信或把握，不妨先將腰桿挺直，張開肩膀看看。神奇的是，

光是這樣的小改變，就能使我們的神情和說話口吻變得炯炯有神。

展現確信的說話習慣
看著對方的眼睛說話

向戀人提分手時，說：「我們分手吧！」對方絕對會回答：「你看著我的眼睛再說一次！」只要眼神閃躲，就會被認為是口是心非。當我們感到錯愕時又是如何呢？我們會用「瞳孔地震」（編按：韓國流行語，用來形容因為震驚，瞳孔突然放大、眼球游移幅度大，就像地震一樣）來形容，對吧？由此可見，「眼神」是可以窺探一個人「真實心聲」的工具。因此，為了幫自己增加信賴感，說話時一定要注視著對方的眼睛，不能飄移。

話雖如此，各位在向主管報告時，真的會看著主管的眼睛說話嗎？是不是很難呢？大部分人對於看著主管眼睛說話會感到很不自在，往往不是看著自己準備的資料說話，就是盯著放在桌上的筆記本說話。然而，如果說話時不與對方四目相交，就很難掌握對方表達的重點，導致溝通容易有誤。更大的問題是，假如不抬頭看著對方的眼睛說話，反而容易吞吞吐吐，給人有所隱瞞的感覺，主管自然會基於本能想要更細究我們所準備的資料。

假如想要能夠說服主管和同事，從今以後，就請試著透過眼神傳遞你的確信。為此，千萬不可以迴避視線，眼睛也不能飄移，要鎖定一處固定住你的視線才行，這樣才會從眼神中感受到那股堅定氣息。假如你擔心這樣盯著主管看會被誤解成是有敵意的話，就不要一直直視主管的雙眼，而是以七比三的比例來回看向主管和資料，演出較為自然的視線。

展現確信的說話習慣

停下手部動作

各位可曾聽說過「手部演技」？我們透過電視劇看檢方在調查嫌犯的橋段時，會發現被審問的人往往會不自覺地做出一些手部小動作，或者乾脆把放在桌上的手藏到桌底下。這時，身為觀眾的我們就會自然聯想到，「這人一定有鬼！」可見光從一個人的手部動作，就能夠讀到對方的情感，這是因為手部會在潛意識裡提供我們有關情感的暗示。

假如我們說話時不停在摳指甲旁的繭，或者用手搔頭、摸臉，抑或是雙手包覆住頸部、摸耳朵等，就等於是在用全身展現「我現在很沒把握」；獨自說得天花亂墜時，比手畫腳的舉動也容易給人焦躁、散漫的感覺。因此，說話時切記要管好自己的雙手，讓它們不要傳遞出不必要的訊息。

為了演出充滿確信的雙手，最好確保它們不要移動到頭

上、臉上、脖子上。假如是坐著說話，就可以把雙手輕放交疊於膝蓋上；或者一手握筆做筆記也可以，這時，另一隻手務必牢牢黏在桌子上。如果是遇到需要站著發言的情形，也請將雙手放於講臺，不要離開。

像這樣將雙手安放的姿態，容易給人穩重的感覺，聆聽者也自然會想要用心傾聽。

展現肯定確信的說話習慣

---

1. 打開肩膀

盡可能把肩膀展開，抬頭挺胸，原本畏縮的心也會隨著肢體延展開來，重拾自信。

2. 看著對方的眼睛說話

說話時，別再迴避對方的視線，試著與對方四目相交，一定能演出更充滿自信的樣子。

3. 停下手部動作

讓雙手不要妨礙訊息傳達，將手安放在某處，會顯得更加穩重端正。

02

說話老是太小聲

養成清亮嗓音的說話習慣

　　有些人,與同事說話幽默風趣,但是只要一面對主管,說話聲音就會頓時變小,報告時極度害羞,說話含糊,甚至就連呼吸也顯得急促,幾乎聽不見在說什麼。其實這是因為內心膽怯,導致身體肌肉也跟著縮起來,妨礙深呼吸所致。像這樣呼吸急促時,由於呼吸量不足,說話時容易喘,聲音也發不太出來。而且因為空氣力量(壓力)不足,使得聲音難以強而有力地衝出口腔,只停留在嘴巴內不斷徘徊,我們往往稱這種情形為「聲音被吃了進去」。

　　這時,許多人一定會認為,那就要盡量「大聲說話」,以為提高音量即可;然而,這並不是音量太小的問題,而是

能量不足的問題。我們的嗓音是由發言者的能量傳導出去，此時，想要傳遞訊息給對方的強烈「意圖」才是創造能量的關鍵要素；換言之，我們需要的不是提高音量，而是「一定要把訊息清楚傳遞給對方」的決心。音量可以靠麥克風擴大，「能量」卻只能仰賴「意圖」創造；只要意圖明確堅定，就算音量不大，依然能將我們要說的內容如實傳達。

那麼，該怎麼做才能將我們的意圖放入嗓音呢？就讓我們來一同了解，如何用充滿強烈能量的嗓音傳遞訊息吧。

養成清亮嗓音的說話習慣
美英啊！吃飯嚕！

我小時候是不愛吃飯的孩子，母親為了我的吃飯問題煞費苦心。她總是會在廚房裡一邊煮飯一邊喊：「美英啊！吃飯嚕！」明明母親平時的嗓門不算大，卻唯獨在喊這句話時十分宏亮；我想也許就是因為帶著一股堅持要讓我吃飯的強烈意志吧。

因此，各位在向主管報告時，不妨試著用母親的心情來說話，彷彿一定要讓孩子吃到飯似地，帶著「強烈意志」，不論如何都要將各位的想法傳遞給主管。事實上，平日輕聲細語或者說話中氣不足的人，在呼喊子女的名字吃飯時，依然會能量瞬間爆發；尤其是想成在呼喊房門緊閉、躲在房間

裡的孩子出來吃飯時，聲音的穿透力更是加倍，可以強而有力地傳到遙遠處。這便是「意圖」所帶來的力量。

假如各位尚未有子女，就不妨想成是把訊息傳遞給「母親」，用這樣的心態向主管說話，也就是想像自己正在對著遠處的母親呼喊：「媽！給我飯吃！」光是將對方想成是自己熟悉的對象，嗓音裡的能量就能有相當大的進步，嗓音和表情都會變得更為柔和，傳達力也會提高。

倘若你也是只要一站在主管面前就會膽怯畏縮、聲音變小；那麼，就請試著用對孩子呼喊：「出來吃飯！」或對母親呼喊：「給我飯吃！」的心情來說話，原本縮回口中的嗓音將頓時宣洩，暢行無阻地將能量傳遞給主管。

養成清亮嗓音的說話習慣
模仿歌劇演員
....

某天，我看著同事的簡報，發現了一個驚人現象。她明明是站在前方進行報告，身體卻老是向後退，彷彿被強烈磁鐵從後方吸住一樣；可見她是多麼想逃避這場簡報，就連身體都出現明顯反應，我看得十分不捨。

然而，老是想往後退的那份抗拒之心，在聲音表現上也能清楚感受。而且由畏縮的心情所支配的嗓音，也會明顯聽得出來滯留在口中，難以衝出口腔。最終，不論多想大聲說

話，也發不出充滿力量、中氣十足的嗓音。

關於這個問題的解答，我是從歌劇表演中找到的。歌劇演員在唱歌時，往往會用充滿自信的表情強烈凝視著觀眾，他們會挺直腰桿、昂首擴胸；一手放在腰間，另一手朝觀眾席伸出，一隻腳奮力地伸向前方，彷彿要朝觀眾席走來。那自信爆棚的表情和積極表演的姿態，讓我明顯感受到「我將為各位帶來一首超棒歌曲」的熱情，整個表演空間瞬間被充滿強烈能量的渾厚嗓音填滿，使觀眾不投入都難。

這讓我想起了《阿拉丁》裡的「茉莉」公主；各位不妨也回想一下當她在情緒激昂地唱著不再沉默時的模樣，她上半身向前傾，向我們傳遞著強烈的能量，對吧？當我們有強烈意圖要傳遞自身想法時，我們的身體會不自覺朝向對方；由此可見，意圖能使人改變姿態，也能使人嗓音出現變化。

因此，每當站在主管面前說話就會變得很沒自信、中氣不足時，不妨大膽向前走一步，挺直上半身，讓胸腔開闊，然後再朝主管微微向前傾，彷彿有人在背後輕推你一把的感覺，這樣就能讓原本卡在喉嚨裡的嗓音，自然而然地衝出口腔。

養成清亮嗓音的說話習慣

保持良好姿勢

．．．．．．．．．．．．．．．．．．．．．．．．

假如想要將訊息明確傳遞給對方的意圖已堅定，音量卻依舊細小；那你就要好好重新審視一下自己的「姿勢」。姿勢與嗓音有著密不可分的關係，尤其是頸部的姿勢非常重要。由於現代人長時間使用智慧型手機或筆記型電腦，導致頸部向前傾的情形非常嚴重，甚至影響頸椎排列。像這種情形，頸部的肌肉就會更加緊繃，使發聲受阻，難以發出強而有力的聲音。

為此，必須將頸部姿勢調整回正確位置才行，讓耳朵和肩膀維持在平行線上，並且將下巴往身體方微微向內縮，這時記得視線要朝向正前方。

像這樣把頸部的姿勢調整好以後，空氣的通路──氣管就會變寬，喉嚨不再緊繃，共鳴也自然豐富。隨著聲帶與橫膈膜呈垂直線以後，當聲帶振動時，橫膈膜也會跟著順利震動。當共鳴變得豐富時，就不用再刻意放大音量，體內就會出現強大共鳴，宛如用了麥克風似地，讓我們的嗓音變得圓潤渾厚。

聲帶

90°

橫膈膜

頸部姿勢　　　　　　　　頸部與橫膈膜的位置

　　為了發出良好的聲音，腳的站姿也很重要；站立時，雙腳的腳後跟之間要留有一個拳頭寬的空隙，然後再將雙腳朝外約五度左右，這樣站可以使身體維持平衡，有助於聲帶與橫膈膜等創造聲音的部位順利運作。這時，一隻腳可以伸向前方，將身體重心前後交替，身體就比較不會太過僵直，也更容易發出自然的嗓音。

養成清亮嗓音的說話習慣

1. 美英啊！吃飯嘍！
   試著用懇切呼喊心愛對象的心情說話，那份強烈的
   意圖會創造出能量，使聲音更有力。

2. 模仿歌劇演員
   模仿歌劇演員在舞臺上用充滿自信的表情和向前傾
   的姿勢，各位的嗓音一定也會強而有力地延伸出去。

3. 保持良好姿勢
   有句話說：「姿勢是呼吸的根源，呼吸則是嗓音的
   根源。」光是將歪斜不正的姿勢調整好，嗓音就會
   出乎意外地變好。

03

我會不自覺語尾含糊

清楚說到最後的說話習慣

新進員工將報告書遞給組長說道。

員工 組長，這份報告文件……

組長 喔！我現在很忙，請崔科長審核。

（過一會兒）

員工 科長，這份報告文件需要在今天內審核……

崔科長 啊？

員工 組長說他現在很忙……

（一陣沉默）

崔科長 所以要我為你做什麼？

在公司裡報告過多次之後會發現，有時會不自覺語尾含糊，這說不定只是一種習慣；但大致上都是對報告內容沒有自信時，才會一邊觀察主管的臉色，一邊把語尾說得含糊不明。一句話沒有明確收尾，容易給人猶豫不決或欠缺不足的感覺，也顯得較沒自信；然而，說話的目的無法如實傳達才是最大問題。

語尾含糊其實就表示「敘述語」消失的意思，敘述語裡涵蓋著說話的目的與核心，比方說，「造船」與「摸肚子」（譯註：此處解釋是以韓文文法結構來做舉例，韓文的肚子、船、水梨皆為「배」，而且動詞是放於名詞的後面，與中文文法恰巧相反，所以韓文一定要把話聽到最後才知道是指什麼），韓文裡的船與肚子為同音同字，但是根據敘述語選用「造」還是「摸」會變成截然不同的行為；所以假如語尾含糊，敘述語消失，就會不曉得究竟是指船還是肚子，說這句話的意圖也變得不明，而這就是為什麼韓文一定要把話聽到最後的原因。

因此，如果想要精準傳遞發言目的與意義，就要記得留意「敘述語」。那麼，究竟該怎麼做才能讓語尾不再含糊，精準地把目的傳達給對方呢？

使用符合目的的敘述語
....

　　如果想要把話清楚說到最後，就必須先知道自己說話的目的是什麼。假如說話前就已經想好要說什麼內容、引導出什麼結果，該使用什麼敘述語也就自然可想而知。反之，如果漫無目的地即興發言，說到語尾處反而會不曉得該如何收拾，再因錯愕而含糊其辭，使語尾變得含糊不清，草草消失。

　　假如你也有這樣的困擾，請務必先想清楚，「我說這番話想要得到的結果是什麼」，然後再按照該目標選用適合的敘述語，就如同我們在練習英文時會把俚語直接整句背起來一樣，就是連同敘述語也一併訓練。光是記住常用的三～四個敘述語，就能夠幫句子順利收尾。從現在起，就來試著蒐集平時可以經常派上用場的敘述語，勤加練習，直到朗朗上口為止。

進行期中報告時

Before　組長，我按照您的指示將內容做了整理……

After　　組長，我按照您的指示將內容做了整理，**請問現在方便協助檢視嗎**？

尋求主管建議時

Before　組長，宣傳組向我們提出了支援需求……

`After` 組長，宣傳組向我們提出了支援需求，請問該如何處理？

需要主管做決定時

`Before` 組長，我提了一份草案⋯⋯
`After` 組長，我提了一份草案，**再請您審核批准**。

像這樣光是增加敘述語，說話的意義就能變得更為明確，對方也才有辦法清楚掌握我們說話的目的與用意。因此，以後在公司裡說話時，請務必先想好「說這句話的目的」與符合該目的的「敘述語」。把常用的敘述語放進「我的最愛」當中，並盡量用那些敘述語來將句子做乾淨俐落的收尾，我相信你的溝通一定會變得更為順暢，整個人也會顯得更有自信。

清楚說到最後的說話習慣
在語尾處加上敬語「yo（요）」

會造成語尾含糊的另一個原因是終結語消失，導致不經意變成了半語。不失禮的發言大部分會以「yo（요）」或「da（다）」來做結尾，用這種終結語才有辦法把語句完美收尾，且帶有尊重意味。因此，當你說話說到最後快要不知道該如

何收尾時，不妨試著趕快用「yo（요）」來確實把一句話作個了結。

範例 1

Before 我提了一份草案……但今天是截止日……

After 我提了一份草案，**剛好到**今天是截止日。

範例 2

Before 組長，今天A社打了一通電話過來……那個……對方表示應該無法在預定日完成交貨……

After 組長，今天 A 社打了一通電話過來，對方表示應該無法在預定日完成交貨。

像這樣光是加上「yo（요）」就不至於給人在使用半語的感覺，而且句子也會清楚完結，所以大幅降低了語尾含糊的感覺。假如想要顯得更加幹練，就可以使用終結語「da（다）」，比方說，「seup-mi-da（습니다）」或「ip-mi-da（입니다）」。

範例 1

Before 前輩……我那個……今天……要去拜訪廠商……先暫時……

After 前輩，我今天要去拜訪 A 廠商，**暫時會離開座位一下，速去速回**。

Before 前輩，我今天……本來想把數據資料整理好傳給您……但今天上午系統突然出現問題……

After 前輩，我今天本來打算把數據資料彙整好提供給您，但是因為上午系統臨時出問題，導致未能如期完成。

像這樣光是加個「yo（요）」和「da（다）」在語尾處，就能讓整句話有個明確完結，語尾的內容也會變得更為清楚明瞭。因此，當你不知道該如何把話進行收尾時，請務必記得使用此方法。

清楚說到最後的說話習慣

縮短語句

．．．．．．．．．．．．．．．．

我們之所以會語尾含糊，呼吸短促也是原因之一。進行報告時，因為說話音量要比平時說話來得宏亮，所以需要更多的喘息。然而，我們在報告時會因為緊張而減少換氣，等於都已經比平時需要更充足的「呼吸量」了，反而無法達到呼吸順暢。既然呼吸量不足，就會連說一句簡短的句子都顯得很喘，最終導致說不到最後就自動消音。

因此，當你遇到這種情形時，可以比平時說得更為簡短，盡可能長話短說，一句話只放一個想法。隨著語句變得簡短，呼吸一次就能穩定說完一句話，所以比較不會產生語

尾含糊的情形；除此之外，縮短語句可以使說話目的快速傳達給對方，站在聆聽者的立場也比較能更精準掌握內容。

Before 科長，財務組說如果要支付本月外包費用，就必須在今天下班前收到請款單，所以剛才已經遞簽呈給您了，再麻煩您確認一下。

After 科長，我接到財務組的聯絡電話，（換氣）若要支付本月外包費用，就必須在今天下班前收到請款單。（換氣）我剛才遞了簽呈，再煩請您確認。（換氣）

這時，重要的是要在說完一句話時做好充分呼吸，再繼續說下一句。假如內心焦急，很容易在還沒來得及換氣完就急著說下一句，最後變得氣喘吁吁，語尾也自然處理得不清不楚。因此，每一句話之間最好要做好充分的換氣，並且清楚明確地把最後一個字說完。

清楚說到最後的說話習慣

1. 使用符合目的的敘述語

蒐集自己經常使用的敘述語，需要時就像使用英文俚語一樣整句脫口而出，隨著語尾有個了結而非含糊帶過，也更能藉此展現自信。

2. 在語尾處加上敬語「yo（요）」

當語尾不知道該如何做收尾時，趕快使用終結語「yo（요）」或「da（다）」來結束語句，這樣會使內容變得更簡潔明瞭，也容易給人幹練的印象。

3. 縮短語句

我們只要一緊張，就會比平時更缺乏呼吸，為了讓自己不要因為缺乏換氣而導致語尾含糊，要盡可能將語句縮短精簡。

04

拜託不要點到我

克服焦慮的說話習慣

「我今天差點對新任組長真心發火！」

某天，任職於別組的同事氣呼呼地跑來找我說道。從他的表情看得出來，他說這句話絕對是發自真心。我實在很好奇，新任組長明明才剛來不久，究竟是犯了什麼滔天大罪要讓他生這麼大的氣。

新來的組長當時需要和所有組員面談；這位組長表示，比起一對一面談，和所有人一起開會報告對於組內溝通更有幫助，所以提議在研討會上各自報告。然而，大家對這位組長並不熟悉，甚至還要在所有組員面前報告，同事們的情緒壓力鍋自然要爆炸。

其實報告對於任何人來說都是有壓力的事情，每個人或多或少都有站在眾人面前簡報時出糗過的記憶，沒人會想要重新經歷那份感受；因此，被指派到要報告的話就會盡可能想逃避，畢竟減少受人矚目的機會就能降低當眾出糗的機會。

然而，我們不能再靠逃避來解決問題，因為在現今職場上，需要靠「說話」來表達自身想法的場合愈來愈多；因此，如果想要在重要時刻表達流暢，就要從現在起克服這項恐懼才行。

所以該怎麼做，才能做到不畏眾人眼光，冷靜沉著地把我們腦海裡的想法一一表達？

克服焦慮的說話習慣
對自己寬容一點
....

我們大部分人都對自己不夠寬容，因此，在面對重要簡報時，比較不會為自己打氣加油，告訴自己「我一定能表現得很好！」而是先懷疑自己「我會表現好嗎？」甚至為了要得到主管或同事的正面評價，而嚴厲警惕自己「絕對不能出錯！」、「務必要表現好！」然而，這種想法反而容易使我們更加緊張，也會讓我們對這件事情加深恐懼。

我過去也是會對自己耳提面命「一定要表現好！」的那

種人，要是某天出了糗，也絕對會比任何人都還要率先把自己痛罵一頓；久而久之，我漸漸對於要站在大眾面前說話感到十分痛苦。

直到某天，我的腦海裡突然閃過一個念頭——若要擺脫這項恐懼，就要先改變我的心態。因此，我開始練習對自己寬容，每當我想要批評自己時，就會先不斷地安慰自己「沒有關係！本來就有可能犯錯。」直至今日都還是會一直刻意提醒自己「就算有小失誤也無所謂」、「不需要很完美」。

其實如此努力的人不只有我，tvN《懂也沒用的神秘雜學詞典》裡，金英夏作家也表示：他會在筆記本第一頁寫上「絕對不會出版」，這樣比較能讓自己減輕壓力，寫作也更容易行雲流水；假如寫上「一定要出版」的話，他相信自己一定會壓力大到一個字都寫不出來。

因此，我們也不要因為太過於力求表現而給自己「絕對不可以有失誤」的壓力，不妨試著告訴自己「不需要太完美，表現中上就可以了」，這樣是否會表現得更好、話說得也更流暢呢？

克服焦慮的說話習慣
聽一些輕快的音樂

「看來老師您需要在演講前先跳個舞。」

「什麼？為什麼要跳舞？」

「因為您看起來有點無力。」

那次是在搭乘計程車準備去演講的路上，司機看我一臉無力，建議我不妨在演講前先聽個音樂，讓心情好一點，順便可以跳一支舞，還能促進血液循環，心情也自然變好。我光想到在講師等候室裡聽著音樂跳舞的自己，就覺得十分搞笑，所以不自覺笑了出來，心情也頓時開朗許多。

實際上，音樂可以對我們的心情產生正面影響，也會幫助我們的身體功能順利運作。奧運競技場上，我們經常可見李相花選手（編按：南韓競速滑冰運動員）或朴泰桓選手（編按：南韓游泳運動員）戴著耳機聽音樂的模樣，因為邊聽音樂邊運動，不僅心情會變好，身體的執行力也會提高。心情穩定了，內心負擔自然減少；身體的緊張感解除了，運動成績也自然會優秀。

我們說話其實也和運動沒有差別；用音樂放鬆心情，說話自然流暢無阻，肌肉不再緊繃，發音咬字也就不容易出錯。因此，遇到容易使我緊張的事情時，我也會習慣聽自己喜歡的音樂轉換心情，也會隨著輕快的音樂節奏，練習自己的講稿或發言，藉此讓大腦留下說話是有趣的印象。

把快樂的心情深植 DNA 裡，在實戰經驗上也會發揮微妙力量。不妨試著想像一下，走到大家面前時，經常收聽的音樂會像背景音樂一樣流出，然後配合旋律開心地邁開

步伐，我相信你的腳步一定會變得輕快許多，眼神也自帶光芒。

當簡報變成是一份壓力時；對報告感到恐懼時；與顧客對話會膽怯時；不妨安排一段屬於自己的時間，播放內心音樂。聽著音樂，輕鬆搖擺身體，原本僵直的身心都會變得緩和許多。

克服焦慮的說話習慣
嘗試想像排練

每當在重要的簡報前，我一定會進行一段屬於自己的儀式。前一天晚上睡前先闔上眼睛，想像自己實際站在舞臺上的模樣。彷彿在看虛擬實境般，在腦海裡播放自己在做實戰排練的畫面：說話時會不會結巴或詞窮、有無出現預想的突發狀況、假如突然發生失控情形該如何處理等，在腦海裡都事先做好準備。

在此，重點是要把聽眾也安排在這場排練當中，將他們放入你的想像裡，去感受他們投向你的眼神。比較缺乏準備而沒自信的時候，就算是想像排練，都能明顯感覺到想像畫面裡的聽眾眼神十分犀利；這時，我會努力嘗試對聽眾保持微笑，那麼，想像裡的聽眾也會勉為其難予以微笑回應。像這樣透過想像排練預先體驗聽眾們的反應，在實際現場遇

見聽眾時，才會減低許多焦慮不安的情感，甚至對場景感到熟悉。

　　各位不妨也試試看，假如明天有重要的簡報要進行，今晚就先闔上眼睛想像一下那個畫面，並對著即將聆聽自己說話的主管和同事，面帶笑容地打聲招呼，「我們明天開心見喔！」我相信隔天在公司裡實際見到主管和同事時，你的心情一定會相對輕鬆許多。

　　如果條件允許，進行「實戰演練」也會有莫大的幫助，也就是在實際簡報的會議室裡預先排練一次，光是熟悉環境和情況，焦慮不安感就能降低許多。

克服焦慮的說話習慣

1. 對自己寬容一點

如果一直想著要有好表現，身體自然會緊繃，反而
容易有失誤；用「適度表現好即可」的心態來讓自
己放鬆，自然會找回輕鬆的身心。

2. 聽一些輕快的音樂

不妨聽一些自己喜歡的音樂，把心情重新調整好，
因為身心快樂，嗓音自然會從容。

3. 嘗試想像排練

在腦海中試著想像一下現場情況，並進行預演排練。
這時，一定要連同觀眾也出現在你的想像畫面當中，
事先與他們拉近關係。

05

我會呼吸急促、說話結巴
掩飾緊張的說話習慣

「我自從加入公司以後，就產生了說話會結巴的習慣；奇怪的是，每次只要準備向主管報告，呼吸就會變得急促，舌頭也會老是打結，說話變得結結巴巴。」

聽聞朋友這麼一說，讓我想起了自己是小職員的時期。我也是一進公司沒多久，就突然變得說話不再順暢，可能是因為從未經歷過冰冷嚴肅的組織文化，使我心生畏懼的關係。那份極度的緊張與不安感，會麻痺掉我們的思緒，所以才會沒有餘力去將腦海裡浮現的諸多想法透過單字組合成語句。每當準備要開口發言時，那些話就會一直停留在口中，不是重複說著同樣一句話，就是說得含糊不清、反反覆覆，

嚴重時還會頓時語塞。

更大的問題是，為了盡快擺脫這樣的情況，會不自覺加快說話速度，但是說話速度卻又跟不上腦中的想法。為了加快說話速度，舌頭、嘴唇等發音器官及幫助呼吸換氣的肌肉都需要靈活運作；但是因為內心緊張，導致這些肌肉僵硬，使呼吸無法順暢，從這時起，不論多麼努力想要好好表達，都會感到上氣不接下氣，舌頭也不停打結。

因此，我們究竟該如何面對這種觀眾看到都比自己還要緊張的瞬間呢？接下來，就向各位介紹幾個即便緊張也不會被人察覺、故作鎮定應答如流的好方法。

掩飾緊張的說話習慣
暫時停止

假如你發現自己說話愈來愈不流暢，請先暫停下來。比方說，同一句話重複說好幾次，言語之間開始穿插「呃……那個……就是……」這種贅詞時，說話的節奏就會被打斷；那麼，就算是努力想聽你把話說完的人，也會很難專心聽到最後。像這種時候，與其努力把話說完，不如暫停一下，重新整理思緒。想要脫口而出「呃……那個……就是……」這些贅詞時，請先將這些贅詞吞下，並於內心默數兩秒鐘。

Before 呃⋯⋯那個⋯⋯我今天想要說的主題是，是那個⋯⋯. 發表力。

After 今天（一秒、兩秒）我想要說的主題是（一秒、兩秒）發表力。

也許你會覺得中間暫停的那兩秒鐘很長，尤其當你感到緊張又焦慮時，更會感覺時間過很慢；然而，聽眾並不會這麼認為，有時「短暫停止」反而能引發聽眾好奇和專注。因此，暫停一下調整好呼吸，再重新梳理一下思緒邏輯，安排好要用什麼樣的順序來傳達內容。這麼做可以讓思緒不打結，按部就班地透過「言語」表達。假如情況來得突然，導致說話結巴的話，最好不要硬著頭皮繼續說下去，而是選擇暫停、深呼吸，先重新調整好自己的狀態為佳。

掩飾緊張的說話習慣
伸展身體

如果想要在說話時氣不喘、發音咬字清楚；首先要讓肌肉放鬆才行，也就是透過伸展那些掌管呼吸的肌肉，使其不再僵硬。唯有如此，肌肉才能達到放鬆，柔軟運作，充分呼吸。

當我們在呼吸時，從肩膀到背後、側腰等，上半身大部分肌肉都會被使用到；所以，接下來就讓我們一起看看這些部位的伸展方法。

人在緊張時，呼吸往往會不自覺聳肩，等於肩膀用力；那麼就難以達到深層呼吸。若想要深呼吸，就需要先消除肩膀的緊繃感，將肩膀自然放鬆。

假如肩膀難以放鬆，可以先將兩側肩膀盡可能提高到耳朵附近，再緩緩向後轉動，盡可能放低肩膀；那麼，原本駝著的背也會逐漸改善，感覺身高增加。在這樣的狀態下固定住肩膀位置，再試著呼吸看看，一定能感受到呼吸變得更為深層也更加順暢。

除此之外，做一些有助於肩膀敞開的伸展動作也很好；十指緊扣撐住後腦杓，深吸一口氣，將手肘盡可能向外敞開，再吐氣，將手肘向內縮起。這麼做可以伸展到與肩膀有關的背部與腰側肌肉，幫助我們的肺部充分填滿空氣。

放低肩膀　　　　擴胸挺背　　　　收起肩膀再展開

像這樣讓幫助呼吸的肌肉達到充分伸展，就能在緊張的情況下也可以達到充分的呼吸。因此，假如在面對重要報告時感到呼吸急促、不順暢的話，不妨事先做一些伸展運動，

讓肌肉適度放鬆；這樣就可以在充分呼吸的狀態下說話，身體吸取到足夠的空氣，報告時就不再感到呼吸急促。

掩飾緊張的說話習慣

慢慢說話

....

說話結巴時，我們會急於訂正自己的發言；但其實愈是這種情況，就愈需要努力放慢說話速度。

假如在沒有做好充分訓練的狀態下說話速度變快的話，自然會咬字不清，說話打結。更何況，緊張時嘴唇和舌頭的肌肉也比較容易缺乏靈活度，要在這樣的狀態下說話加速，就算是多麼傑出的饒舌歌手，也難以做出精準發音。因此，愈緊張就愈需要放慢速度，幫唇舌爭取活動的時間，亦即，更有意識地放慢速度、清楚咬字。

進行放慢速度說話練習時，也可以使用節拍器（Metronome）來做輔助，我個人是推薦搭配頌缽（Singing Bowl）音樂來練習。頌缽音樂通常是在進行冥想時使用，節奏相對從容緩慢。只要在 YouTube 上搜尋頌缽音療按下播放鍵，就可以按照節奏練習放慢說話速度，我們的內心會變得較為平穩，大腦也會重新找回平靜。像這樣在平時就練習刻意放慢說話速度，不僅可以穩定呼吸，思緒重整，也能自然養成冷靜沉著表達的習慣。

當然，你可能會認為這樣說話實在太慢，但是與其說話結巴導致訊息傳遞不完整，不如說得慢一點，但是可以將所有內容如實傳達。比起急著將自己想說的話統統倒給對方，不妨試著抱持一顆即使緩慢也要精準的從容之心。

掩飾緊張的說話習慣

1. 暫時停止

「呃……那個……就是……」這種贅詞容易給人猶豫不決的感覺；但是「暫停」反而可以提高傳達力，並且使聽眾注意。因此，當你發現說話時會不自覺脫口而出這些贅詞時，請記得暫停說話；彷彿嚥下一口口水般，將這些贅詞統統吞回去。

2. 伸展身體

協助呼吸的肌肉如果呈現僵硬，就會影響呼吸暢通；因此，報告前不妨先透過伸展動作將相關肌肉充分放鬆，呼吸自然會順暢許多。

3. 慢慢說話

刻意放慢說話速度，心情就會跟著冷靜下來，說話也自然不容易結巴；因此，試著練習慢慢說話，藉此找回內心平靜。

在辦公室裡展現專業接聽電話的方法

SPEECH HABIT

其實我曾經有段時期,對於在辦公室裡接聽電話這件事感到十分困難。每次只要一講電話就會語無倫次,也生怕鄰近座位的同事聽到我的電話應答會對我產生偏見;因此,很多時候我都寧願自行負擔通話費,也要拿著手機走到辦公室外去講電話,至少心理壓力比較不會那麼大。然而,我們總不可能永遠都用私人手機去談公事吧。所以在辦公室裡接聽電話時,究竟有哪些方法可以幫助我們克服恐懼,且讓我一一位各位介紹說明。

將開場白臺詞寫下來

首先,我會在講電話前先擬一段開場白,將其簡單寫在紙上,包括我要打電話給誰、打這通電話的目的、需求;像這樣把要說的重點先記錄下來,講電話時就會順利許多。

那麼,到底該事先寫下哪些內容呢?在公司裡講電話通

常是為了向其他單位提出需求，這時，可以透過三點提問來創造訊息。

- 致電對象是誰？ → 金俊英科長
- 打算提什麼需求？ → 節省成本的傑出實例報告
- 為什麼要提出這項需求？ → 邀請對方在季度會議上分享傑出實例

像這樣整理好提問和回答之後，就可以將這些內容改寫成實際說話的臺詞；這是為了以防自己過度緊張，一時想不到要說什麼，至少還能看著小抄照念，避免因頓時語塞而亂了陣腳，讓對話得以順利持續。

開場白臺詞

金科長您好，我是 A 組的崔美英。
我們預計這次的季度會議要請大家發表「節省成本傑出實例」，請問您方便在季度會議上分享您這次進行的節省成本計畫內容嗎？

畫一張通話內容流程圖

我們之所以對講電話感到困難的另一個原因是「難以預測」。我們往往會在對話流向超乎預期的時候感到忐忑不安，如果是 email 或聊天軟體還可以慢慢思考清楚再回覆；但在電話中則是要即時應答，所以更感困難。像這種時候，不妨先設想好各種可能，準備一份通話內容流程圖，亦即，預先設定好當你向對方提出需求以後，對方可能會做出哪幾種回應，以及你要如何面對這幾種回應等內容和步驟。設想得愈仔細，就愈能在難以預測的情況下知道自己該如何反應。

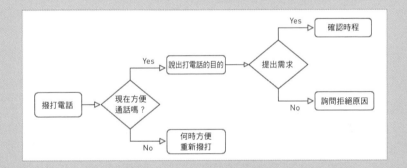

列出確認事項清單

有時會發生掛完電話後才發現有事情忘記向對方確認的尷尬情境，這時，要再重新撥電話給對方也很彆扭；如果想

要避免發生這種情形，不妨在通電話前事先列出確認事項清單。這時，可以將時程、場所、方法等需要詳細做討論的主題寫在小抄上，就能夠更明確完整地講這通電話。

預約研討會場所

項目	確認事項	註記
研討會時程	○月○○日～○○日（兩天一夜）	
會議室規模	可容納二十人的會議室	
會議室設備	麥克風、投影機	
茶水甜點	美式咖啡、餅乾	
宿舍	十間房：兩張單人床的雙人房	
停車	有無停車場？是否需要預約登記？	
早餐	是否含早餐？餐點是什麼？	
費用	可以用什麼方式支付？支付期限？	
取消預定	取消預訂、退還訂金的期限？	

仔細記錄
◇◇◇◇◇◇◇◇

將通話內容邊聽邊作筆記也是一項很好的習慣，因為有時的確會發生沒做筆記而忘記討論內容的窘境，為了防止這樣的悲劇發生，通話過程中討論好的時程等，都要隨時記錄，並整理成一份類似會議記錄的文件；這樣一來，就能確保自己不會漏掉事情，順利完成工作。

季度會議

🗓 Created　　 Oct 12, 2020
◎ 會議方式　　 Phone
≡ 召集人　　 金周成組長
◎ 單位部門　　 業務行銷

\+ Add a property

💬 Add a comment...

1. 季度會議主題
   為了改善工作方式所執行的詳細方案
2. 準備事項
   - 針對全體員工進行「工作方式」的認知調查
     （問卷）
     10 月 20 日前寫出問卷草案
     10 月 22 日透過 email 發送
     10 月 23 日彙整問卷答案並進行分析
   - 發表傑出實例
     10 月 20 日前，向各組蒐集實例並確認簡報
     者名單

我稍後再回撥給您

　　如果是我們主動撥打電話給對方，還可以事先準備好開場白或確認事項清單；但是當我們準備接起別人打來的電話時，又該怎麼做才好呢？

　　這時，可以先聽清楚對方來電的目的，再以「抱歉現在手邊工作繁忙，能否給我十分鐘，我再回撥給您。」來回覆；

等掛上電話之後，整理好關於該議題的想法，羅列出重點及確認事項，再重新回撥電話即可。

當這種過程重複過幾遍之後，你就會愈漸習慣，甚至不需要再經過「我再回撥給您」的過程，也能依照情況作出合適應答。

從現在起，記得先準備好通話前的開場白臺詞，列出確認事項清單，別再用自己的電話費談公事，充滿自信地用公司分機講電話吧！

影片請掃描右方 QR Code

Chapter 5

改變說話嗓音，
會讓人覺得
你很有能力

我聽不懂，你能再說一次嗎？

讓人過耳不忘的說話習慣

"

「後輩在簡報時，咬字實在太不清楚，根本聽不懂他在說什麼，明明簡報製作得十分精美，卻沒能好好表達，好可惜喔。」

「我們組長說話口齒不清，很難聽懂他在說什麼，也不好意思重新詢問，頂多只能問一兩次，之後就乾脆假裝有聽懂。」

「每次只要我說話，就會有人說他聽不懂，要求我重說一遍。一兩次還無所謂，久了我自己也會厭煩，到最後就寧願選擇什麼話都不說了。」

各位可曾有過因咬字不清而被要求重說的經驗呢？因為發音不夠精準，內容就難以確實傳遞，尤其是簡報或會議時，為了將苦心準備的資料完整傳達分享，更需要透過精準的發音來傳遞訊息。然而，真正會在意說話發音的人，其實遠比想像中還要少。

　　發音有著比「傳遞訊息」還要重要的角色，那便是聽眾的「專注」。說話口齒清晰，不僅能讓訊息準確傳達，更能使聽眾專心投入，而且因為聽得清楚，也就不用再額外耗費力氣去用心傾聽，自然而然就可以達到長時間專注聆聽；然而，要是說話口齒不清，聽眾為了理解內容，就必須花更多心力，因此容易疲勞，過沒多久就會分心。這就是為什麼發音不夠精準會使人注意力下滑的原因了。

　　發音是否精準，對於一個人的「印象」也會產生很大影響。假如因為咬字不清而導致內容聽不清楚的情況頻頻發生，那麼，就算你準備的內容再好，都很容易讓人對你留下納悶的印象，甚至認為你是沒自信或沒誠意的。像這樣留下負面印象之後，主管就再也不會輕易信你所說的話，再加上假如這樣的情形反覆上演，不論你準備的簡報內容多優秀，要說服主管也會變得難上加難。

　　因此，為了打造出容易博取主管信賴的印象，平日就要多花一些心思去注意發音；精準的發音不僅可以將內容確實傳達，還可以給人辦事能力優秀的印象。

接下來，就為各位介紹幾種日常生活中可以改善發音的方法。

讓人過耳不忘的說話習慣
精準做出嘴型

光是「嘴型」標準，發音就會變好。為了精準發音，要勤於張動決定母音發音的嘴型，將個別母音清楚表現出來才行。

我們從那些發音含糊的人身上可以發現：大部分都很少在張動雙唇。其實個別母音都有其特定唇形，如果只用單一唇形發出所有母音，自然會難以辨別，或者聽起來像含著滷蛋在說話。

為了解決這項問題，必須把嘴型明確呈現，才能讓發音做出清楚區分。比方說，如果要發「阿姨」這個音，在說「阿」的時候，嘴型就要上下拉長變成橢圓形；說「姨」的時候則左右拉長變成一直線。假如要說「喔伊」的話，在發「喔」的音時，雙唇就會往中間聚集靠攏；發「伊」的音時，則變成一直線的樣子。像這樣明確作出嘴型、迅速變動，才能夠清楚發出每個字的發音。

嘴型從「阿」變成「姨」的樣子　　嘴型從「喔」變成「伊」的樣子

　　訓練發音時，將母音單獨拉出來練習是最有效的。假如要說「an-nyeong-ha-se-yo」（您好）的話，就可以將母音「a-yeo-a-e-yo」另外拆出來訓練嘴型，等嘴型練好了，再加上子音就能大幅提升發音的清楚度。

- **an-nyeong-ha-se-yo**（您好）→ a-yeo-a-e-yo
- **mae-chul-jeung-dae-bang-an**（增加營收方案）→ ae-u-eu-ae-a-a
- **hae-oe-si-jang-jin-chul**（進軍海外市場）→ ae- oe-i-a-i-u
- **peu-ro-mo-syeon-gi-hoek-seo**（行銷企畫書）→ eu-o-o-eo-i-oe-eo
- **seo-bi-seu-hyeon-hwang-bo-go-seo**（服務現況簡報檔）→ eo-i-eu-yeo-wa-o-o-eo
- **si-jang-jeom-yu-yul**（市場占有率）→ i-a-eo-yu-yu

注意尾音

....

「gan-jang-gong-jang-gong-jang-jang-eun-gang-gong-jang-jang-i-go，doen-jang-gong-jang-gong-jang-jang-eun-jang-gong-jang-jang-i-da。」（醬油工廠的廠長是姜工廠長，大醬工廠的廠長是張工廠長。）

這句繞口令是我們在做發音訓練時經常拿來練習的語句，許多人在念這句話時容易舌頭打結、咬字不清，究竟是為什麼呢？

其原因在於尾音，為了把這句話念對，一定要精準發出「an 和 ang」（ㄢ和ㄤ）的音。尾音往往是我們很容易忽略的部分，然而，光是把尾音發得準一點，你的咬字就會清晰許多。

如果想要將尾音發得精準，就必須將其視為獨立音節，刻意發音才行。比方說，「gan」就要刻意將其分成「ga+an」兩個音節，並且嘗試將兩個音都明確發音。

- **gan**=ga+an
- **jang**=ja+ang
- **gong**=go+ong
- **jang**=ja+ang

試著將這套方法套用在語句當中，進行發音訓練。將尾音變成另一個獨立音節，努力把每一個音節的發音都發得精準，尤其是尾音一定要多加留意。

ga-an-ja-ang-go-ong-ja-ang-go-ong-ja-ang-ja-ang-eun ga-ang-go-ong-ja-ang-ja-ang-i-go，
doe-in-ja-ang-go-ong-ja-ang-go-ong-ja-ang-ja-ang-eun ja-ang-go-ong-ja-ang-ja-ang-i-da。

→ **gan-jang-gong-jang-gong-jang-jang-eun-gang-gong-jang-jang-i-go, doen-jang-gong-jang-gong-jang-jang-eun-jang-gong-jang-jang-i-da**。

　　等熟悉尾音以後，再將分開的音節恢復原狀，按照正常速度閱讀。相信你一定會感受到自己的發音變得更加流暢精準。

- **si-jang-jin-chul-jeon-ryak**（進軍市場策略）→ si-ja-ang-ji-in-chu-ul-jeo-eon-rya-ak
- **guk-nae-si-jang-hyeon-hwang**（國內市場現況）→ gu-uk-nae-si-ja-ang-hyeo-eon-hwa-ang
- **go-gaek-gwan-ri-yeok-ryang**（顧客管理能力）→ go-gae-ek-gwa-an-ri-yeo-eok-rya-ang
- **seong-gwa-chang-chul-hwal-dong**（成果產出活動）→ seo-eong-gwa-cha-ang-chu-ul-hwa-al-do-ong

- **pum-jil-gyeong-jaeng-ryeok-gang-hwa**（強化品質競爭力）→ pu-um-ji-il-gyeo-eong-jae-aeng-ryeo-eok-ga-ang-hwa

讓人過耳不忘的說話習慣
第一個音加重
....

使發音明確的另一種方法，是將第一個音加重。比方說，當我們在說「您好！（an-nyeong-ha-se-yo）」時，與其每個音節的力道都一致，不如將第一個音節 an 語氣加重，這麼做會使後面的音節也自然而然鏗鏘有力，使這句話產生力量，發音清楚明確。

這就如同滑雪時用雪仗來支撐地板前進是一樣的道理；各位不妨也用雪杖戳在地板上使自己奮力向前的感覺，來練習加重第一個音節。

您好！**很**高興見到您！**我**是崔美英。

（**an**-nyeong-ha-se-yo ！ **ban**-gap-seup-mi-da ！ **choe**-mi-yeong-ip-mi-da ！）

加重第一個音節，說話也比較容易有節奏感，進而使平日較難清楚發音的單字都變得更為滑順流暢，更棒的是會因為節奏感而使說話聽起來更有活力，不僅發音會變好，還能

給人充滿朝氣的印象，完全是一舉兩得的好方法。進行簡報或報告時，請記得務必嘗試看看。

為確保收益基礎，將擴大長期簽約。

將解決顧客的不便，並備妥改善方案。

網路商城使用人數，目前正持續增加當中。

讓人過耳不忘的說話習慣

1. **精準做出嘴型**

   將母音另外分拆出來，練習用精準的嘴型來發音，相信很快就會感受到自己的發音有所改善。

2. **注意尾音**

   多留意尾音，將其發音完全，這樣才能夠避免咬字不清。

3. **第一個音加重**

   加重第一個音節，不僅可以使發音更為準確，說話還會產生節奏，給人充滿朝氣活力的印象。

想要改掉孩子氣的
說話口吻

打造專業人士嗓音的說話習慣

「最後還是找不到合適的人。」

不久前，為了人才招募而安排多場面試的朋友一邊嘆氣說道。於是我問她：「妳不是說因為缺人手，只要找個專業領域吻合的人就好嗎？」朋友表示：她已經連續好幾個月透過獵人頭公司接到無數份履歷，但是都沒有看到合適的人選。就算好不容易看到不錯的履歷，邀請對方前來參加面試，最後仍沒有一個順利通過。我對此感到十分好奇，反問她：「為何不錄取？」結果沒想到朋友給了我出乎意外的答覆。

「她的說話嗓音實在太孩子氣了。」

原來他們是透過電話進行面試，聊著聊著，不禁令我朋友心生狐疑，「說話如此稚嫩的人，真的能夠勝任我交辦給她的事務嗎？」於是我補充：「說不定只是嗓音比較嫩，但是辦事能力很好啊。」然而，朋友只有語帶含糊地說著：「這就難說了……我覺得很難和她共事。」便草草帶過這個話題。

由此可見，儘管是急需員工的情況，也會因為應試者的嗓音太稚氣而使面試官決定寧願從缺，而且還不是因為對方的履歷、能力等條件不符要求，這對我來說是有點難以置信的；畢竟嗓音又不能代表一個人的工作實力，卻仍會因為嗓音太孩子氣而令人難以信賴。

假如是因為說話嗓音而遭到誤會，被認為工作能力不佳的話，會不會太冤枉呢？究竟值得信賴的人是哪種嗓音？怎樣才能變成那種專業感十足的嗓音呢？

打造專業人士嗓音的說話習慣
改用中低音說話
·····························

為了展現專業形象，最重要的元素便是用「中低音」說話。中低音一直是「容易給人信任感」、「與成功有關」的代名詞；事實上，根據美國杜克大學梅伊（Mayew）教授的研究結果顯示：用中低音說話的人往往社經地位較高。

「結果顯示，相較於同儕，中低音 CEO 較多是任職於更大規模的企業，年薪較高，任職期也較長。」

（出處：「中低音 CEO，年薪較高，任職企業規模也較大，https://www.donga.com/news/Economy/article/all/20150216/69668401/1）

那麼，我們究竟能不能透過練習變成中低音呢？答案是肯定的。我們光是透過呼吸練習，就足以創造出中低音，也就是靠「腹式呼吸法」。一般來說，提到腹式呼吸法，就會聯想到是用下腹部呼吸的方法；鼻子吸氣時，肋骨敞開，下腹部也同時隆起，吐氣時下腹部則向內縮，我們稱此為腹式呼吸法。

腹式呼吸法比胸腔式呼吸法來得更能吸入較多空氣，因此，共鳴度會更好，也較容易發出低沉嗓音；換言之，光靠改變呼吸方式，就可以創造出更好聽又穩定的嗓音。

腹式呼吸法其實很簡單，用鼻子吸氣時要盡可能將空氣送往下腹部，深吸一口氣。然後當你感受到吸入體內的空氣到達下腹部以後，再用腹肌施壓下腹部，推擠空氣從口中排出。此時，可以將雙手放在下腹部或肋骨附近，確認吸氣時小腹有無隆起，吐氣時小腹有無縮緊。一開始你可能只會感受到非常細微的浮動，所以不需要過度呼吸，只要按照自己能力所及練習自然用腹式呼吸即可。

影片請掃描右方 QR Code

打造專業人士嗓音的說話習慣

把語尾向下

....

為了打造出專業幹練的形象，說話口吻也是重要一環，決定口吻的關鍵要素正是如何呈現「語尾」。根據語尾的高低、長短、強弱，都會展現不同口吻，尤其口吻高揚還是低沉很重要；假如把尾音提高，就容易給人親切的印象，聆聽者的心情自然較好，這也是為什麼從事服務業的人往往會把尾音上揚的原因。

親愛的各位（↗）你們好啊（↗）很高興見到各位（↗）

然而，這樣的尾音一旦沒使用在對的地方，就容易給人稚嫩、孩子氣的感覺。實際留意小朋友們說話的方式便會發現，他們很喜歡將單字拆解開來，並將每個單字的尾音提高。

媽媽（↗），我啊（↗）今天呢（↗）在學校（↗）吃了飯（↗），超級好吃喔（↗）！

如果想要變成相對成熟的口吻，就要盡可能將助詞或尾音放低。倘若過去一直是用「so」這個音域說話，那麼不妨試著降低成「do」的音域。像這樣把尾音調低，就能營造出像主播播報時那種更為堅定、充滿自信的感覺。

觀眾朋友們晚安（↘）。歡迎收看今天的整點新聞（↘）。大家好（↘）。接下來要向各位報告今年的業績績效（↘）。

然而，有些人可能會對於降低尾音感到排斥，主要是擔心萬一這樣說話容易給人冰冷、難相處的印象。在此，我們需要先將親切與禮貌區分開來，在公司裡說話時，需要的絕對是「禮貌」而非「親切」；假如不想讓自己的發言帶有「稚氣」，就請試著降低尾音，並且保持「禮貌」，把話說得更「俐落」。

打造專業人士嗓音的說話習慣
精簡收尾
....

稚氣的口吻還有另一項特徵是語尾無力、拉長音且向上飄，好比在說「媽媽～」時，往往會將尾音拉長，導致這樣的現象出現，而這種口吻其實容易給人慵懶、缺乏勇氣與自信的印象；為了讓人留下精明能幹的印象，切記要改掉拉長

語尾的說話習慣。就如同切去壁虎的尾巴一樣，毫不留情地將語尾長音斬斷，把尾音向下、精簡收尾，猶豫不決的感覺也就能一併切除，進而使說話口氣變得更加堅定、輕巧。

充滿不確定性的口吻	專業感十足的口吻
大家好～ 接下來要向各位報告今年的業績～	大家好（↘）。 接下來要向各位報告今年的業績（↘）。
為了促進二〇三〇年消費者來實體賣場消費啊～我準備了這項活動企畫～	為了促進二〇三〇年消費者來實體賣場消費（↘），我準備了這項活動企畫（↘）。
近來～不透過傳統通路～直接在社群平台上～親自販售物品的D2C型態～正備受矚目～	近來（↘），不透過傳統通路直接在社群平台上親自販售物品的D2C型態（↘）正備受矚目（↘）。

假如你也因說話太稚氣而導致真正實力未能被看見的話，不妨從今天起試著改變說話習慣。透過腹式呼吸法，讓嗓音變得低沉穩重一些，進而取代高亢尖銳的嗓音。還有，語尾也記得不要拖長音、上揚，而是將語尾向下，簡短收尾。練習一段時間後，你一定會發現，稚氣的口吻已消失無蹤，而留下值得信賴、充滿確信、堅定有力的印象。

打造專業人士嗓音的說話習慣

1. 改用中低音說話

中低音會使我們顯得辦事能力更好。試著透過持續性的腹式呼吸法訓練，打造出給人信賴感的中低音吧。

2. 把語尾向下

語尾向上容易給人依賴、孩子氣的感覺；這時可以試著將尾音向下，就能展現出更為堅定、自信的感覺。

3. 精簡收尾

假如你習慣將尾音拉長，請試著將尾音縮短；光是這麼做就能給人簡潔有力的印象。

03

他們說
我的發言太沉悶

輕快活潑、充滿生動感的說話習慣

「我的工作經常需要向員工說明公司政策，但是每次只要一開口，就會得到沉悶乏味、令人想睡的回應；我該怎麼做才能使說話變得輕快又有活力呢？」

人們對於疲憊的嗓音難以專注，容易失去興趣、感到厭煩；當聽眾一產生「啊！好無聊！」的想法，專注力就會急速下降，腦海也會瞬間填滿其他想法。從這時起，不論你說得再怎麼口沫橫飛，也只會淪為噪音。就算內容再充實，聽眾不願意聽，還有何意義。

這時就需要進行嗓音演出。許多人會強調內容的重要性，卻不怎麼重視嗓音的音色或演出；然而，為了讓我們嘔心瀝血準備的內容順利進入主管的耳裡，使其用心傾聽、感

同身受，演出充滿號召力的嗓音傳達訊息也同樣重要。因為這樣才能擄獲聽眾的心，並留下強而有力的印象，將我們的想法如實傳達。

這時，演出具有號召力的嗓音有個核心重點，那便是「變化」；說話時要像唱歌一樣有快有慢、有高有低、有大聲有小聲等，讓嗓音多元變化，不斷地給聽眾新刺激，根本無暇感到沉悶乏味。這麼做能使對方拉長專注聆聽的時間，也因為專心傾聽而更容易理解內容，容易理解也就自然毫不費力地繼續專注，形成一種良性循環。

那麼，接下來就讓我們一起看看，有哪些方法可以揮別沉悶、讓嗓音加強號召力。

輕快活潑、充滿生動感的說話習慣
說話時記得斷句

把話說得充滿生動感的第一種方法是「斷行斷句」，也就是在說話時短暫找空檔呼吸停頓。假如能斷得恰如其分，說話反而會產生節奏感，變得輕快活潑，脈絡和意圖也會更加精準傳遞。那麼，究竟該在什麼地方、如何斷句會比較合適呢？

首先是在主詞後方斷句，也就是先在展現主詞的助詞後方暫停一下，這麼做可以使主詞更為明確，聽眾也能夠更容易掌握意圖與核心重點。

「今年最具代表性的成果是在洗衣機市場上穩坐第一名。」假如這句話在沒有任何停頓的情況下一口氣說出來，會難以凸顯主詞；反之，「今年最具代表性的成果（／）是在洗衣機市場上穩坐第一名。」如果像這樣斷句，聽眾就可以清楚認知到這句話的主詞是什麼。

　　接下來是在副詞後方斷句。說到副詞，也就是「接下來」、「正是」等諸如此類的單字，如果在副詞後方停頓，就能達到使人集中注意力的效果。比方說，在 SBS 電視臺播出的節目──《想知道真相》（그것이 알고 싶다）裡，主持人金相中往往會在說完「然而」之後，停頓一會兒再繼續說下去，他之所以這麼做，也是為了吸引觀眾專注看下去。

　　我們再看另一個例子。假如要說「接下來將為各位報告上半年業績」這句話好了；那麼在說話時，就可以先說「接下來」，然後停頓一會兒，吸引聽眾好奇之後再繼續把後面的訊息說出來，等於是提升發言的緊張感，藉此吸引聽眾注意。

輕快活潑、充滿生動感的說話習慣
宛如唱歌般說話
·····························

　　把語句加上旋律就會聽起來像歌曲。旋律會依照高低、速度、強度的變化而有所不同；說話時愈是將高低、快慢、

大小的對比感明顯做出來，就愈能夠讓說話旋律更為生動。

　　因此，只要把說話的旋律掌握好，就可以有效傳達重點。認知心理學家丹尼爾・威林漢（Daniel T. Willingham）在其著作《心智與閱讀》（*The Reading Mind*，無繁體中譯本）中提到：「旋律不僅能幫助我們區分重要、瑣碎、可遺忘、須牢記的事物，還能自然代替閱讀時一定要理解卻無趣的事，亦即文法的角色。」換言之，旋律可以提升內容的傳達力，也能有助於理解。

　　說話加上旋律的方法其實非常簡單，把一定要傳達的核心重點用更為宏亮的嗓音緩緩說出即可，那麼該部分的內容就會聽得更為清楚。也就是說，透過嗓音直接幫聽眾畫重點的意思，區分出「重要與一般」訊息。

不套入旋律閱讀

今年最具代表性的成果（／）是在洗衣機市場上穩坐第一名。

套入旋律閱讀　　試著將畫有底線的文字緩緩提高音量閱讀

今年最具代表性的**成果**（／）是在**洗衣機市場上穩坐第一名**。

在尾音加入變化

最終，為了排除話語中的疲倦感，透過各式各樣的變化，讓聽眾感受到「新鮮」才是重點。因此，將語尾的語調（高低）用各種方式呈現也是不錯的方法之一。語調可以區分成高音（↗），中音（→），低音（↘）；當同樣的音調重複三次以上出現時，聽眾就很容易感到疲乏。因此，最好要有意識地頻頻更換音調，輪流使用高音、中音、低音為佳。

範例

大家好（↘），我是崔美英（↘）。接下來要向各位報告上半年的業績（↘）。

大家好（↗），我是崔美英（↘）。接下來要向各位報告上半年的業績（→）。

以我個人為例，我會比較常輪流使用中音和低音；因為這樣可以演出冷靜沉著的感覺，然後等查覺到氣氛似乎有些低沉的時候，再偶爾穿插幾次高音。像這樣把尾音分成三種音階，適度地交替使用，說話的旋律就會顯得有變化，也比較不容易讓人感到枯燥乏味。

輕快活潑、充滿生動感的說話習慣

1. 說話時記得斷句

試著在主詞和副詞後方停頓一下，換口氣再接著說下去。不僅可以使說話帶有節奏感，還能凸顯出核心重點。

2. 宛如唱歌般說話

說話時，適時調節速度、高低、強弱，就能創造出說話的旋律，使說話意圖與脈絡更為清晰。

3. 在尾音加入變化

同樣的音階重複三次以上就很容易使人聽得枯燥乏味。試著變化尾音的高低，將枯燥煩悶的感覺一掃而光。

04

我只是說句話而已，就被問是不是生氣了

培養成溫和口吻的說話習慣

「你的口氣怎麼回事？有什麼不滿嗎？」

「我明明只是回答主管『好』，卻被主管反問為什麼要生氣。」

為什麼光從聲音就會被誤以為是在生氣呢？因為我們的嗓音，說得更具體一點，也就是「口氣」，會如實反映當下的內心情緒。實際上，我們在講電話時，光是透過對方的嗓音也可以察覺對方的心情，要是對方用開朗的嗓音說話，會讓人聯想「是不是有什麼開心事？」反之，如果對方是用失落的嗓音說話，就會使人認為「看來最近有什麼煩心事」。因此，假如用彷彿在生氣的口吻說話，聽的人也會誤以為我們心有不滿。

有句話不是說：「好話一句值千金」嗎？這邊提到的

「話」其實不只內容，還包含口吻。就算再好的一句話，只要口吻尖銳，就容易引人誤會，有些人甚至還會因此而內心受傷。尤其在公司裡，我們不是個人作業，往往需要擄獲同事們的心達成合作，但是假如一直用彷彿在生氣的口吻說話，還有誰會願意力挺你呢？

許英萬作家的漫畫作品——《樣子》（꼴）裡出現過這句「話要說得溫和，才能留得住福氣」，因為心情平靜，說的話自然溫和，身邊也就愈來愈多人聚集，福氣也會自然而然找上門。同樣的道理，我們假如在公司裡把話說得較為柔和，自然會吸引愈多想要和你共事的同事聚集。公司裡有團聚歡樂、可以共事的同事，才是真正的「福氣」。因此，如果你不想在公司裡孤軍奮戰的話，首先要將自己的說話「口吻」調整好才行。

那麼，該怎麼做才能將聽起來彷彿在生氣的激動嗓音改成溫和語氣，甚至使我們的心找回平靜呢？

培養成溫和口吻的說話習慣
把話說得較為圓滑

讓人感覺在生氣的口吻都具有那些特徵呢？氣頭上的人說話時往往會加重尾音，音調高亢、銳利大聲。當有人在說，「我不是叫你別把事情搞砸嗎！」的時候，嗓音會逐漸變大，然後在發出最後一個音節「嗎」的時候，直接用震耳欲聾的嗓音加重語氣，這樣就會完美化身成攻擊口吻。

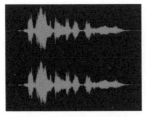

温柔口吻的聲波圖　　　　生氣口吻的聲波圖

　　如果想把尖銳刺耳、充滿攻擊性的口吻轉變成溫和口吻的話，就可以嘗試在「敘述語」的部分稍微放輕鬆，讓聲音輕放；即使是同一句話，也會根據如何表達敘述語而帶給聆聽者截然不同的感受。

生氣口吻	溫和口吻
「我都叫你不要做了！」（↗）	「我都叫你不要做了。」（　）
「這邊的單位都寫錯了！」（↗）	「這裡的單位都寫錯了。」（　）
「現在就立刻去確認！」（↗）	「現在就立刻去確認吧。」（　）

　　加重語尾容易變成怪罪對方的口吻，放鬆語尾則比較像是關心對方的口吻。因此，如果各位想要傳遞給對方的感覺是疼惜或擔心的話，最好試著將語尾放輕。當各位聽見溫暖的說話口氣時，各位的心靈也會較為溫暖。

培養成溫和口吻的說話習慣
放慢速度把話說清楚
....

　　生氣的人往往說話很快，那是因為情緒激動導致心急，急著將腦中一閃而過的各種不滿一口氣宣洩而出；於是說話

速度愈來愈快，音量也愈來愈高，使對方產生莫名的壓迫感，導致無傷大雅的小問題也會聽成是難以收拾的大問題，聆聽者的內心也連帶感到焦躁不安。尤其隨著說話速度加快，呼吸也會變得急促，所以容易出現發音模糊、吃螺絲、難以正確傳達訊息的情形，而這也是為什麼激動的嗓音缺乏說服力的原因。

如果想要讓別人冷靜沉穩地聽我們說話，就要先穩定自己的情緒，用穩重的嗓音把話說清楚，這點非常重要；為此，我們一定要能夠迅速察覺自己的內心情緒。假如因為過大的壓力導致呼吸困難、心跳加快的話，就很容易加快說話速度；這時，可以先深呼吸幾次，盡可能拉長呼吸，這樣便能從容不迫地把話表達清楚。記得也要確認一下自己的聲調有沒有變高；愈是情緒激動的時候，就愈需要降低聲調，將其維持在「do」而非「so」的音域，藉此讓自己的表現不受情緒所影響。

培養成溫和口吻的說話習慣

鬆開你的眉頭

調整生氣口吻的第三種方法是「表情」。據說人的表情可以在○‧一秒內將情緒傳遞出去，當內心痛苦時，自然會愁眉苦臉，嗓音也喪氣無力；反之，心情開朗時，則是眉開

眼笑，嗓音也跟著輕快許多，這是因為我們的內心、表情、嗓音都連結在一起的緣故。

　　那麼，該如何調整我們的表情才好呢？我會建議各位控制自己的眉間。當我們在做表情時，雖然會運用到臉上多處肌肉，不過「眉間」的影響力尤甚。比方說，當我們煩惱不斷時，很容易出現蹙眉，每次只要一蹙眉，眼型就會變得令人畏懼，嘴角也會下垂（在公司裡經常可見面帶這種表情的同事），在這樣的表情狀態下要發出充滿肯定的嗓音其實是有困難度的；反之，鬆開眉間，眼睛自然會變得水汪汪，顴骨上揚，嘴角也向上，作出這種表情時，嗓音自然會變得溫暖、歡樂。就好比溫和的口吻會連帶使心情也變得溫和，激動的口吻則會使心情變得更為激動一樣，人的表情與說話口吻其實也是同樣原理。

　　假如你平時說話容易被人誤解成帶有攻擊性、冷漠無禮的話，不妨將鏡子放在書桌上，經常觀察鏡中的自己，並且將眉間鬆開、眼睛弄成笑瞇瞇的月牙形狀、嘴角上揚；像這樣從日常生活中持續地做表情管理、照顧內心，自然而然就能培養出招來福氣的溫和嗓音。

培養成溫和口吻的說話習慣

1. 把話說得較為柔和
   如果想要將疼惜、擔心之情如實傳遞給對方，就請將「敘述語」的部分用較為圓滑、輕柔的嗓音來表達。

2. 放慢速度把話說清楚
   內心焦慮或壓力大的話，先深呼吸，並重新安排說話的速度、口氣、音量。

3. 鬆開你的眉頭
   隨時觀察鏡中的自己，放鬆眉間，光是這樣做自然而然就會嘴角上揚，嗓音裡也會充滿愉悅之情。

05

照著念也還是會結巴
宛如平時說話般簡報的說話習慣

「畢竟我也要在公司裡生存下去啊。雖然心知肚明如果繼續這樣不善簡報，最終一定會淪為被淘汰的命運，但實在是苦無對策。其實也不是要簡報得多麼厲害，只要能閱讀流暢即可，但是我連如此簡單的事情都做不好，至少能把簡報檔讀好就別無所求了。」

大部分的職場人士會在製作「簡報」上傾心盡力。為了製作出幾近完美的簡報，會閱讀相關書籍、聽講座，或者蒐集資料到深夜，以主管的標準反覆修改，做出較具邏輯且說服力高的簡報。然而，真正要利用那份簡報報告時，反而無法流暢表達，甚至就連看著簡報上的文字閱讀都很吃力。明明簡報製作得十分精美，究竟是為什麼會出現這種問題？

那是因為「簡報」並非一般文章，而是把核心重點整理成精華的文件；所以很多時候會省略掉助詞、敘述語、介系詞等，當那些能夠補強句子之間連關性的要素都被省略時，發出聲音閱讀訊息的傳達力自然不佳。

為了將簡報裡的訊息透過口說順利傳達，要盡可能發出聲音練習閱讀文件上的那些句子才行。然而，這時千萬不能直接按照簡報檔上的文字一個一個跟著念，那會失去簡報的本質。我們之所以都已經製作好簡報檔，卻還要額外進行「簡報」，就是因為需要透過口說解釋來讓大家更容易理解內容。

那麼，接下來就要向各位介紹，究竟該怎麼做才能將我們費盡心思製作的簡報檔，藉由口頭說明讓主管更容易理解。

宛如平時說話般簡報的說話習慣
擬一份講稿

為了將簡報檔裡的文字內容透過口述表達，需事先準備好一份講稿，也就是模擬自己在實際簡報說明時的口吻，將其寫成稿子；這時，最有效的方法就是適度在講稿中加入語助詞及敘述。

加入語助詞及敘述

簡報 發掘危機克服專案計畫並迅速支援。

> **講稿** 發掘一些克服危機的專案計畫，並做出迅速支援。

> **簡報** 為交易費用節省方案所準備之整合發包系統。

> **講稿** 為了節省交易費用，我們預計準備一項方案，那便是整合發包系統。

一般來說，簡報往往只會留下核心關鍵名詞，其他助詞和敘述語都會直接省略，因為這樣才能表現得更為簡潔明瞭，而這樣的方式也使得名詞與名詞經常接連出現，變成複合名詞型態。但是因為複合名詞不好發音，所以如果照著文字去念，絕對會吃螺絲；這時，記得要將省略掉的語句結構元素（助詞、關係詞、敘述語等）統統補回來，那麼發音就會輕鬆許多，甚至更能夠凸顯出單字之間的關係與連結，提高發言的號召力。

請仔細拆解說明

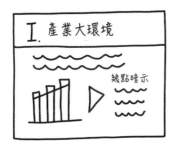

> **簡報** 接下來是產業大環境的部分。

> **講稿** 接下來，我將從多角度為各位分析我們公司今年面對的整體產業大環境。

大部分的簡報檔都會從整體產業大環境、公司經營現況等，作為報告的開頭；這是為了預測市場，且以預測為基礎去擬定公司政策方向。因此，會從內部、外部、國際企業、本土企業等多角度做市場分析，比起只用「產業大環境」來帶過，不如加上「多角度分析」，反而較能彰顯自己是透過各種層面了解現況。

把書面語改成口語

簡報 接下來是中長期經營目標及策略方向。

講稿 接下來是我們事業部門的中長期經營目標，另外，也備妥了策略方向以達成這些目標。

「及」這個字是簡報裡最常出現、最具代表性的書面語，「及」扮演著連結兩種事實的角色，所以適合出現在涵蓋著各種重點內容的書面報告裡；但是假如透過言語表達，就會礙於太多意義而導致聽眾難以迅速掌握，而且說話時中間穿插一個「及」字也不容易發音。

因此，記得要將「及」這個字改成「和」、「與」等助詞來表達。例如：「經營目標和策略方向」。除此之外，如果想要把簡報裡的文字改成更適合口說的語句，就可以用「及」為基準點分拆成兩句話，把兩件事用兩句話來做說明的意思。這樣的話，聽的人也比較容易理解。

宛如平時說話般簡報的說話習慣

試著念出來

準備講稿時，要確認自己能否透過「說話」來消化那些句子；所以一定要念出聲音來試試看，就會發現那些單字是否容易發音、語句是否過長、是否需要斷句換氣等，進而調整成最適合自己的講稿。

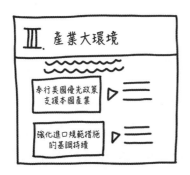

簡報 產業大環境的部分，在美國優先及支援本國產業的政策下，強化進口規範措施的基調仍持續當中。

講稿 接下來是美國的整體展業大環境。（//）

美國目前奉行美國優先政策（/），

正持續強化進口規範措施（/），

支援本國產業。

　　試著將每一句話念出來，確認自己在發什麼音時會比較容易卡住。要是發現「啊，原來我念這個部分時咬字容易不清楚」的話，不妨將其更換成比較容易發音的單字或表達方式。另外，換氣的部分也一定要仔細確認，由於簡報時的音量需要比平時說話還要再大聲一些，所以自然需要比平時吸入更多的空氣；然而，假如一句話太長，就很容易上氣不接下氣，反而影響表達。假如你不希望簡報時搞得自己來不及換氣，就要盡可能分拆成短句，或者調整語句結構，讓自己方便停頓呼吸。

宛如平時說話般簡報的說話習慣
向他人說明

　　是歌手也是作曲者的朴軫永，據說每次作曲完後都會按照音樂旋律嘗試即興跳舞，假如中間遇到難以使舞步連貫或者氣氛不夠高漲的部分，就會重新修正旋律。我們說話也是如此，假如說話時老是有吃螺絲的地方，就需要重新修飾一下該部分的語句結構。

我個人也會在面對重要演講前，先在家人面前排練一次，一邊說明一邊觀察家人的反應；藉由這樣的演練，可以明確掌握哪些部分邏輯比較不通，或者因果關係不順。

　　假如沒有人能當你的聽眾，也可以嘗試錄影，再回放錄好的影片來確認自己說話時是否順暢，這也是許多 YouTuber 在拍攝影片時實際會使用的方法；因為不論事前把腳本準備得再詳盡，實際拍攝時依然會出現說話結巴、頓時語塞，或者吃螺絲等情形，那麼就會把該刪除的部分大膽刪除、不夠明確的邏輯補強、重新調整內容順序。像這樣實際演練過幾次之後，訊息的排列組合就會變得更緊密相連，進而迎來流暢無阻、一氣呵成的表達。我往往會在這時進行最終錄影，如此一來，收看我影片的人才會自然專注投入在我述說的內容當中。

　　像這樣在家人面前或者在鏡頭面前排練，將訊息內容事先做好修潤，也有助於讓訊息長時間儲存在腦海裡。尤其邏輯會變得通順許多、環環相扣，所以自然而然就毋須再去刻意背讀講稿內容，或者要照著講稿念，也能自動聯想到下一個要傳遞的訊息，還能避免話說到一半腦袋一片空白的窘境。只要熟記訊息的排列順序，就能夠隨時隨地靈活運用這些內容。

宛如平時說話般簡報的說話習慣

1. 擬一份講稿

在名詞後方加上助詞，並將書面語改成口語，擬一份實際簡報時口述用的講稿，會更容易照稿閱讀。

2. 試著念出來

把講稿直接念出聲音來，可以找出發音困難或拗口的單字，也能發掘哪邊需要停頓換氣等問題。

3. 向他人說明

假如事先對著某人或鏡頭練習說明，不僅可以對內容更印象深刻，邏輯也會更為通順、環環相扣，自然聯想到下一個要傳遞的訊息內容。

這種情形就用這種嗓音！

嗓音可以這樣演出
◇◇◇◇◇◇◇◇◇◇◇◇◇◇◇◇◇◇◇◇◇

我們其實可以適當地調整說話的聲調高低、音量大小、速度快慢，按照氣氛演出嗓音。

（1）聲調高低

首先，我們先來看聲調高低會給人什麼印象。聲調高的人容易給人活潑輕快的感覺；聲調低的人則容易給人穩重的感覺。因此，在談論輕鬆議題時，可以將聲調稍微抬高；談論公司重要議題時，則將聲調壓低，展現成熟穩重的感覺會更有效。

（2）速度快慢

速度快慢也要依照說話內容去做調整使用。說話速度快可以給人充滿活力的感覺；說話速度慢則給人從容不迫的印象。在進行重點新聞播報時，說話速度會偏快；但是在述說

紀錄片旁白時，說話速度則會偏慢。因此，當你需要展現強烈的推動力與確信時，最好把說話速度稍微加快；但是在和組長喝茶閒聊時，最好稍微放慢說話速度，這麼做更容易使對方有安全感。

（3）音量大小

音量大小也是說話時非常重要的一環。如果是在人多的場合進行簡報，自然要調大音量，才能讓人聽得清楚；然而，與相關部門進行會議或在辦公室裡接聽電話時，抑或是和主管一對一面談、需要說服主管時，我會更推薦用適當的音量條理分明地說清楚，會比大嗓門來得更具說服力。

根據聲調高低、速度快慢、音量大小的組合配置，可以營造出截然不同的氛圍。因此，記得按照說話情境與內容，適當地調整使用。

- 說話嗓音宏亮，速度偏快，容易給人充滿活力的感覺。
  →適合用於進行優秀的績效報告
- 說話速度從容不迫，聲調偏高，容易給人開朗輕快的感覺。
  →適合用於以親切姿態尋求業務合作
- 用低沉嗓音緩慢說話，容易給人憂鬱慘澹的感覺。
  →適合用於設定目標未能達成時

- 用低沉嗓音快速說話，容易給人緊迫焦慮的感覺。

  →適合用於發生緊急狀況需要解決時

口吻可以這樣演出

決定說話口吻的關鍵在於如何處理尾音；根據尾音的高低與長度，可以演出各式各樣的口吻。各位不妨探究一下何種口吻會創造出何種氛圍，再依情況做出適當的演出。

留下正面印象的口吻

- 輕快的口吻：語尾簡短且上揚。（什麼↗）
- 果斷的口吻：尾音簡短且下降。（是↘）
- 優雅的口吻：尾音轉個彎再下降。（是 ）
- 親切的口吻：尾音柔和地上揚。（是 ）

留下負面印象的口吻

- 沒自信的口吻：尾音含糊不清，沒有明確結尾。
- 孩子氣的口吻：尾音拉長且上揚。
- 魯莽的口吻：尾音毫無誠意地拋擲。
- 生氣的口吻：尾音尖銳上揚。

┃參考文獻┃

◇◇◇◇◇◇◇◇◇◇

- 《大腦,一解慾望的秘密》(*Brain View*),漢斯─格奧爾格．豪塞爾(Hans-Georg Hausel)著,無中譯本。
- 《你在說什麼?》(당신은 어떤 말을 하고 있나요),金鐘瑛(김종영)著,無中譯本。
- 《心智與閱讀》(*The Reading Mind*)丹尼爾．威林漢(Daniel Willingham)著,無繁體中譯本。
- 《發聲與共鳴》(발성과 공명),文永日(문영일)著,無中譯本。
- 《報告書之神》(보고서의 신),朴慶秀(박경수)著,無中譯本。
- 《我愛身分地位》(*Status Anxiety*),艾倫．狄波頓(Alain de Botton)著,先覺出版,2004。
- 《快思慢想》(*Thinking, Fast And Slow*),丹尼爾．康納曼(Daniel Kahneman)著,天下文化,2018。
- 《演講的結構》(*De Partitione Oratoria*),西塞羅(Marcus Tullius Cicero)著,無中譯本。
- 《高績效心智》(*Great at Work*),莫頓．韓森(Morten T. Hansen)著,天下文化,2018。

- 《該如何回答困難、模糊、重要的問題？》（答え方が人生を變える あらゆる成功を決めるのは「質問力」より「應答力」／ウィリアム .A. ヴァンス），William A. Vance、神田房枝合著，無中譯本。

- 《大腦革命的十二步》（열두 발자국），鄭在勝（정재승）著，八旗文化，2020。

- 《故事的誕生》（*THE SCIENCE OF STORYTELLING*），威爾. 司鐸（Will Storr）著，無中譯本。

- 《人性 18 法則》（*The Laws of Human Nature*），羅伯特. 格林（Robert Greene）著，李茲文化，2020。

- 《姿勢決定你是誰》（*Presence*），艾美. 柯蒂（Amy Cuddy）著，三采，2016。

- 《呼吸與發聲》（호흡과 발성），南道賢（남도현）著，無中譯本。

- 《創意，從無到有》（*A Technique for Producing Ideas*），楊傑美（James Webb Young），經濟新潮社，2015。

- 《各領域話術分析及提升方案研究－職場對話法》（분야별 화법 분석 및 향상 방안 연구 - 직장 내 대화법），全銀珠（전은주），國立國語院，2015。

- 《依照人類基本情感所進行之語調探索及頻譜分析》（인간의 기본 감정에 따른 어조 탐색과 스펙트럼 분석），崔智源、金智雅、鄭榮周、許慶豪（최지원 , 김지아 , 정영주 , 허경호），韓國溝通學報，2019。

改變說話習慣,
讓主管一秒挺你
被公司認可的優秀員工都在使用的說話術
말습관을 바꾸니 인정받기 시작했다

作者	崔美英 (최미영)
譯者	尹嘉玄
執行長	陳蕙慧
總編輯	魏珮丞
行銷企劃	陳雅雯、余一霞、林芳如
封面設計	萬勝安
內頁排版	JAYSTUDIO

社長	郭重興
發行人兼出版總監	曾大福
出版	新樂園出版／遠足文化事業股份有限公司
發行	遠足文化事業股份有限公司
地址	231 新北市新店區民權路 108-2 號 9 樓
電話	(02)2218-1417
傳真	(02)2218-8057
郵撥帳號	19504465
客服信箱	service@bookrep.com.tw
官方網站	www.bookrep.com.tw
法律顧問	華洋國際專利商標事務所／蘇文生律師
印製	呈靖彩藝有限公司

初版	2022 年 5 月
定價	NT$330
ISBN	978-626-95459-9-5
	9786269602513 (PDF)
	9786269602506 (EPUB)

國家圖書館出版品預行編目 (CIP) 資料

改變說話習慣,讓主管一秒挺你:被公司認可的優秀員工都在使用的說話術
崔美英 (최미영) 著,尹嘉玄 譯——初版——新北市:新樂園出版:遠足文化發行,
2022.05,208 面;14.8 x 21 公分——(Job;11)
譯自:말습관을 바꾸니 인정받기 시작했다

ISBN 978-626-95459-9-5 (平裝)

1.CST:職場成功法 2.CST:說話藝術 3.CST:口才

494.35   111005465